질문이 있는 여행

질문이 있는 여행

2021년 7월 26일 1판 1쇄 발행

지은이 이명진
펴낸이 조금현
일러스트 홍윤희
펴낸곳 도서출판 산지
전화 02-6954-1272
팩스 0504-134-1294
이메일 sanjibook@hanmail.net
등록번호 제018-000148호

ISBN 979-11-91714-00-5 13590

이 도서는 한국출판문화산업진흥원의
'2021년 우수출판콘텐츠 제작 지원' 사업 선정작입니다.

미래 핵심역량을 키우는 여행 하브루타

질문이 있는 여행

이명진 지음

산지

프롤로그

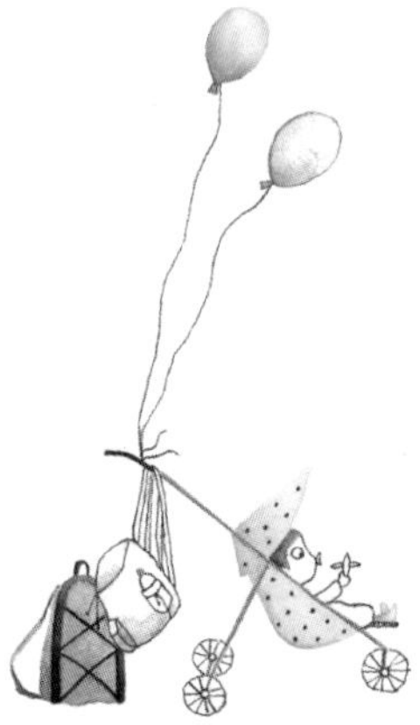

우리 집 아이들은 태어나 일찍부터 여행을 다니기 시작하였습니다. 큰아이는 돌이 지나갈 무렵, 작은아이는 6개월이 지나갈 무렵부터 집이 아닌 세상 밖에서 자랐습니다. 주변에서는 아이들이 고생이라며 걱정하는 분들도 있었습니다. 그러나 저는 남편과 함께, 남편이 시간이 안 되면 혼자서라도 아이들을 데리고 여행을 떠났습니다. 여행의 힘을 확신했기 때문입니다.

여행을 통해서 새로운 자신을 발견하고, 성장해 나가는 사람들의 모습을 많이 보았습니다. 그중 가장 큰 변화를 겪은 사람은 바로 저, 자신입니다.

지금은 교사로 안정된 생활을 하고 있지만 사실 저는 실패와 시련 속에서 방황하는 20대를 보냈습니다. 방황의 시작은 원하는 대학에 들어

가지 못한 패배감과 열등감 때문이었습니다. 대학수학능력시험에서 가장 자신 있던 국어 과목에서 답안지를 밀려 쓰는 실수를 했습니다. 당연히 원하는 대학에 들어가지 못했습니다.

저는 중요한 시험에서 실수를 한 스스로를 쉽게 용서하지 못했습니다. 게다가 좋은 대학에 들어간 친구들을 보며 열등감에 사로잡혔습니다. 제 자신이 초라해보였고 그런 나를 질책하며 대학생활을 마쳤습니다. 당연히 성적 또한 좋을 리 없었습니다.

그러던 24살의 어느 겨울, 친구와 나란히 까페에 앉아 이야기를 나누던 중이었습니다. 불쑥 20대를 맥없이 보내고 있다는 생각이 들었습니다. 뭔가 가슴 설레는 도전을 하고 싶었습니다.

"우리 유럽 배낭여행 가볼까?"

내 제안에 친구가 재깍 물었습니다.

"진짜? 너 영어 잘해?"

"아니."

"돈은 있어?"

"일단 있는 돈 털어서 가는 거지 뭐,"

'진짜 배낭여행을 떠날 수 있을까' 하는 의구심도 들었지만, 일단 친구와 약속을 하고 집으로 돌아왔습니다. 당시 주변의 친구들이 한두 명

씩 배낭여행이나 어학 연수로 외국에 나가기 시작할 때였습니다. 부러운 마음에 해외로 나가보고 싶었지만, 집안 형편이 어학 연수나 해외여행을 보내줄 만큼 넉넉하지는 못했던 것입니다. 그런데 내가 유럽 여행을 갈 수 있다니 꿈만 같았습니다.

여행을 계획하기 위해 정보수집을 시작했습니다. 당시는 인터넷이 발달되지 않아 책 또는 직접 다녀온 사람의 경험담이 전부였습니다. 마침 유럽 배낭여행을 두 차례나 다녀온 친구가 있어 연락을 했습니다. 그런데 그 친구가 난데없이 찬물을 확 끼얹는 말을 하는 것이었습니다.

"내 생각엔 넌 배낭여행 못 갈 것 같아."

"왜?"

"여행은 돈만 있다고, 시간만 있다고 갈 수 있는 게 아니거든. 돈과 시간이 있어도 못 가는 사람이 훨씬 많아. 내가 진짜 가야겠다는 의지가 없으면 못 가."

"의지?"

"그래, 의지! 대부분 사람들은 여행을 가고 싶다고 생각을 하다가도 돈이 부족해서, 시간이 없어서, 집안 사정 때문에 하며 포기하거든. 그래서 막상 여행을 떠나는 사람은 별로 없어. 여행을 준비하다 보면 생각하지 못한 일들이 생기기 마련이거든. 근데 넌 왠지 포기할 거 같아."

당시 여자들이 배낭여행을 가는 경우가 흔치 않을 때였습니다. 여자

둘이, 영어도 잘 못하면서 겁도 없이 배낭여행을 간다고 하니 친구는 곧 포기할 거라 생각한 것입니다. 왠지 기분이 나빠졌습니다. 또 괜한 오기도 생겼습니다.

'너만 의지 있냐? 나도 의지 있다고. 어디 한번 지켜보라구!'

친구에게 나의 강한 의지를 보여주고 싶어졌습니다. 덕분에 여자 둘이 떠나는 배낭여행을 반대하시는 부모님을 끝까지 설득할 수 있었습니다. 다니던 사립유치원에는 배낭여행을 가겠다고 사표를 냈습니다. 그리고 그 친구에게 '나 유럽으로 떠난다!'라는 짧은 인사만 남기고 당당히 여행을 떠났습니다.

저의 인생은 이 배낭여행의 전과 후로 나눠집니다.

패배감과 열등감으로 똘똘 뭉쳐 새로운 시도를 두려워하던 제가 도전을 하게 된 것입니다. 친구도 부모도 반대하고, 상황도 여의치 않았지만 모든 걸 극복하고 배낭여행을 다녀온 것이었습니다. 여행은 실패했다고 생각한 내 인생에서 새로운 가능성을 찾아 주었습니다. 그리고 나에게 이렇게 말해주는 것 같았습니다.

"네가 원하고 끝까지 포기하지 않는다면 넌 무엇이든 할 수 있어!"

이 여행 이후로 저는 더 이상 비관하지 않았습니다. 나 자신을 실패자라고 몰아세우지도 않았습니다. 그리고 새로운 꿈들을 꾸기 시작했습니다. 다른 사람들이 허황되다고 말해도 크게 개의치 않았습니다. 가장 중요한 것은 나의 의지라는 것을 알았으니까요.

유럽에서 어린아이를 유모차에 태우고 배낭여행을 하는 부부를 만났습니다. 부부와 함께 이야기를 나누며 나에게도 새로운 꿈이 생겼습니다. 내 아이들과 함께 세계여행을 해야겠다는 멋진 꿈이었습니다.

부모가 된 후 아이들과 함께 여행을 다니기 시작했습니다.

국내, 국외 할 것 없이 쉬는 날이면 어김없이 여행을 떠났습니다. 가까운 공원부터 박물관, 숲, 전시회장, 또 해외까지 시간이 허락될 때마다 아이들을 데리고 의무처럼 집을 나섰습니다.

아이가 커갈수록 고민이 생기기 시작했습니다. 아이들에게 좀 더 의미 있는 경험을 만들어 줄 수는 없을까? 아이들의 성장을 도와주는 여행이 되려면 어떻게 해야 할까?

아이들과 함께 활동해 볼 수 있는 프로그램을 만들어 여행을 다녀보았습니다. 숲에 가 놀이를 하고, 다녀와 사후활동을 해보기도 했습니다. 그러던 중 하브루타를 만났습니다.

'아이들에게 질문을 하고 생각을 물어보면 되겠구나! '

사실 큰아이가 유치원생이 될 무렵부터 저는 아이들에게 설명해주기 바빴습니다. 하나라도 더 보여주고, 하나라도 더 가르쳐줘야 아이들에게 의미 있는 여행이 된다고 생각했기 때문입니다. 그래서 여행을 떠나기 전, 여행지의 특징이나 유적지에 관한 내용을 미리 공부 했습니다.

그리고 아이들에게 열심히 설명해 주었습니다. 의미 있는 여행이 되길 바랐으니까요.

그런데 어떤 일이 생겼을까요? 아이들이 제가 준비하고 노력하는 만큼 열심히 듣지 않았습니다. 그럴 때마다 슬슬 화가 나기 시작했습니다. '내가 이렇게 준비를 했는데, 너희들이 잘 듣지 않아?'라는 마음이 자꾸 드는 것이었습니다. 그러다 보니 관심이 없거나, 다른 곳으로 가고 싶은 아이의 마음은 중요하지 않았습니다. 그저 준비한 내용을 다 설명해주는 것이 더 중요했지요. 그래야 나의 임무를 완수한 것만 같았습니다.

아이들은 어땠을까요? 물론, 관심이 없는 아이들이 엄마의 설명 따위를 기억할 리 없습니다. 엄마의 욕심뿐이었던 것입니다.

그런 나에게 하브루타는 한 줄기의 빛과 같았습니다.

"맞아. 바로 하브루타야!"

배낭여행을 다녀온 전후로 나의 인생이 달라진 것처럼, 하브루타를 알기 전후로 아이들과의 여행이 달라졌습니다. 먼저 나의 여행에 대한 생각이 변하기 시작했습니다. 여행에서 많은 것을 보여주고, 많은 것들을 알아야 한다는 욕심을 하나둘씩 내려놓기 시작한 것입니다.

엄마의 생각이 바뀌니 자연스럽게 아이들도 변했습니다. 엄마와 함께 질문하고 대화하며 여행을 준비하게 되었습니다. 그러다 보니 아이들도 자연스럽게 여행에 관심이 많아졌습니다.

자신이 보고 싶은 부분을 보고 하브루타로 나누니 더 넓은 시선으로 주변을 바라보기 시작했습니다. 여행을 하면서 궁금해진 것들은 책이나 인터넷을 찾아보며 스스로 해결해보는 태도가 생겨났습니다. 엄마가 설명해주고 가르쳐주는 것보다 효과가 훨씬 좋았습니다.

아이들은 여행 하브루타를 통해 자신만의 시선으로 세상을 보는 방법을 배워 나갔습니다. 그리고 성장해 나가기 시작한 것입니다.

해마다 아이들을 데리고 여행을 떠나는 부모들이 늘고 있습니다. 참으로 반가운 소식입니다. 혹시나 저자처럼 여행을 통해 아이의 성장을 도울 수 있는 방법을 고민하는 부모가 있다면 여행 하브루타를 강력히 추천합니다.

꼭 해외여행이 아니어도 괜찮습니다. 아이들과 함께 하는 곳이라면 어디든지 가능합니다.

이 책은 저와 두 아들이 함께 여행 하브루타를 통해 성장한 일화를 담은 이야기입니다. 아이들과 여행을 하며 고민도, 시행착오도 많았습니다. 저와 같은 고민을 가진 부모들이 시행착오를 줄일 수 있기를 바라며 이 책을 썼습니다. 그리고 다음과 같은 바람을 담았습니다.

첫째, 많은 여행으로 오감을 통해 성장하는 아이들이 되었으면 좋겠습니다.

아직까지 아이들의 여행에 대해 편견을 가진 사람이 많습니다. 특히 아이들을 데리고 가는 해외여행에서는 그 편견이 더 심해집니다.

아이들과의 여행을 의미 없다고 말하는 분들도 있습니다. 아이들이 기억도 못 하는데, 아이들 고생인 줄 모르고 부모 욕심에 떠난다고 말하기도 합니다. 저 집은 돈이 많아서, 시간이 많아서, 여유가 있어서라고 말하는 분도 있습니다. 그러나 실제 모든 걸 갖추고 여행을 떠나는 사람은 많지 않습니다. 돈이 많으면 시간이 없고, 시간이 많으면 돈이 없으니까요.

아이들과의 여행에 대한 생각이 바뀌었으면 좋겠습니다.

저는 어릴 때 더 많이 여행을 해야 한다고 생각합니다. 아이들은 오감을 통해 느끼며 성장하기 때문입니다. 다양한 경험으로 아이들의 사고가 깊어지고, 확장됩니다. 그를 통해 삶의 중요한 가치를 찾아 건강한 성인으로 성장할 수 있는 것입니다.

둘째, 부모도 함께 성장하는 여행이 되길 바랍니다.

부모들이 하는 착각 중 하나가 부모는 완벽하고, 아이들은 미숙하다는 생각입니다. 인간은 누구나 완벽할 수 없습니다. 특히 부모는 더욱 완벽할 수 없습니다. 부모의 역할이 매 순간 바뀌기 때문입니다. 자녀가 한 살, 두 살, 사춘기, 성인이 되었을 때 부모의 역할은 계속 바뀝니다. 그래서 아이의 나이와 부모의 역할 나이가 같다고도 합니다.

부모로서 서툴고 부족하다고 자책하거나 부끄러워할 필요가 없습니다. 서툰 것은 당연한 것이니까요. 다만 아이와 함께 성장한다는 마음을 갖는 것이 중요합니다. 나는 어른이니까 아이에게 내 뜻대로만 따라오게 하거나, 부모가 아이에게만 맞추는 여행은 함께 성장하는 여행이 아닙니다. 아이도 어른도 함께 즐거워야 합니다. 그러기 위해서는 여행 하브루타를 통해 서로를 배려하고, 존중하는 여행이 되어야 합니다.

셋째, 부모로서 어떤 가치를 가지고 있는지 점검할 필요가 있습니다.

질문을 하다 보면 질문에 나의 생각이 묻어 나오는 것을 느낄 때가 많습니다. 이 책에 소개된 저자의 질문들을 보면 평소 저의 생각을 읽을 수 있을 것입니다. 저는 아이들이 따뜻한 마음으로 다른 사람과 어울려 행복하게 살아가길 바랍니다. 그런 마음이 크다 보니 자연스럽게 가치 질문을 많이 합니다.

아이들과 여행 하브루타를 하기 전에 '나의 가치는 무엇인가', '나는 아이들이 어떤 삶을 살아가길 바라는가'에 대해 생각해보시길 권합니다. 정답은 없습니다. 하지만 부모의 가치가 질문의 내용에 영향을 준다는 사실을 기억하세요. 아이들의 사고와 가치에도 영향을 준다는 뜻입니다.

아이들이 살아갈 미래사회는 AI(인공지능) 로봇들과 함께 살아가는 세상입니다. 미래를 준비하는 아이들에게 필요한 것은 많은 지식이 아닙니다. 인공지능 로봇이 가질 수 없는 공감, 배려, 존중, 책임, 협력 등과 같은 인간 고유의 능력이 필요한 것이지요. 최근 인성교육이 더욱 강조되고 있는 이유이기도 합니다.

이 책을 읽으며 여행 하브루타를 시작하기 전에 부모로서 어떤 가치를 가져야 하나 생각해보면 좋겠습니다. 그렇다면 질문이 훨씬 풍성해질 수 있답니다.

저자의 경험을 나눔으로써 여러분들이 좀 더 쉽게 자녀와 질문하고, 대화하는 여행을 하길 바랍니다. 그리고 부모와 행복했던 여행의 추억들로 이 세상의 모든 아이들이 다른 사람과 더불어 살아가는 글로벌 리더가 되길 소망합니다.

끝으로 너무나 소중한 나의 멋진 하베르 두 아드님, 늘 응원해주는 남편님과 영원한 마음의 안식처 부모님과 친정식구들, 늘 아껴주시는 시부모님과 시누이, 하브루타 세계로 인도해준 채명희 선생님, 격려의 말로 나를 이끌어주시는 권문정 소장님, 그리고 따뜻한 마음의 조창인 작가님과 산지출판사 김진미 대표님께 감사한 마음을 드립니다. 마지막으로 언제나 나를 이끌어주시는 주님께 이 모든 영광을 드립니다.

2021년 7월 저자 이명진

질문이 있는 여행 ✽ 목차

Chapter 1
여행 하브루타에 꽂히다

Chapter 2
여행 하브루타 로드맵을 펼치다

Chapter 3
아이는 경험으로 느끼고 질문으로 성장한다

Chapter 4
세상을 바라보는 아이의 눈이 아이의 미래를 결정한다

여행
타
하
루
브

Chapter 1

여행 하브루타에 꽂히다

힘든 여행이라도 떠나야 할 이유가 있다

여행은 즐겁습니다. 그러나 아이와의 여행은 즐거우면서도 힘들게 느껴집니다. 아이들과의 여행은 가기 전부터 신경 쓸 거리가 많기 때문입니다. 장소를 고를 때부터 짐을 쌀 때, 여행을 가서도 부모의 할 일은 배가 됩니다. 혹여나 아이의 컨디션이라도 나쁘면 여행은 고생이 됩니다.

그럼에도 불구하고 많은 부모들은 아이들과 여행을 준비하고 떠납니다. 아이들이 즐거워하는 모습을 보면서 보람과 행복을 느끼기 때문입니다. 그 이유 하나만으로도 부모들은 수고스러움과 불편을 감수할 수 있습니다. 그러나 더 근본적인 이유는 여행에 다양한 가치가 있다는 것을 알기 때문입니다.

여행은 삶의 배움터입니다. 우리가 살아가면서 배워야 할 많은 것들을 여행을 통해 배울 수 있습니다. 특히 하루하루 성장하는 아이들에게 여행의 다양한 경험은 큰 의미가 있습니다. 여행은 아이들의 경험을 폭

넓게 하여 성장을 극대화시키기 때문입니다. 그렇다면 여행은 아이들에게 어떤 성장을 가져다 줄까요?

여행은 삶의 가치관과 방향을 안내합니다.

유년기의 경험은 그 사람의 전 생애에 영향을 끼칠 만큼 중요합니다. 아이들은 자신이 한 경험들을 토대로 가치관을 형성하고, 삶을 살아갑니다.

부모의 태도와 삶의 방식은 아이들에게 가장 큰 영향을 줍니다. 여행은 때로 부모 못지 않은 영향을 줍니다. 다양한 경험을 통해 자신이 중요하게 생각하는 삶의 가치를 스스로 선택하기 때문입니다. 스스로 선택한 가치는 자신의 삶을 더욱 능동적으로 변화시키기도 합니다.

세계적인 부자이자 기부왕인 빌 게이츠가 처음부터 기부를 많이 한 것은 아니었다고 합니다. 그의 부인 멜린다의 아프리카 여행이 계기가 되었다고 합니다. 멜린다는 아프리카에서 신발을 신지 않고 다니는 거리의 흑인들을 보며 충격을 받았습니다. 비참한 흑인들의 삶을 보며 그녀는 자선 사업을 결심하고 빌 게이츠를 설득하였다고 합니다.

그녀는 이렇게 말하였습니다.

"아프리카는 나를 영원히 변화시켰습니다."

여행은 이렇듯 삶의 터닝포인트가 될 수도 있습니다. 특히 가치관이 완성되지 않은 아이들에게는 더 큰 영향을 줍니다. 여행을 통해 보고 느끼는 많은 경험들 속에서 아이들은 자신이 중요하게 여기는 가치들을 선택하며 가치관을 형성합니다. 그리고 그에 따른 삶의 태도를 지닙니다. 이처럼 여행은 삶을 변화시킬 수 있는 의미 있는 여정입니다.

관계 맺음을 통하여 더불어 사는 법을 배웁니다.

함께 여행을 떠난 사람부터 여행지에서 만난 사람들까지 여행에서 우리는 다양한 관계를 맺습니다. 이 관계 속에서 아이들은 더불어 살아가는 방법을 배웁니다. 왜냐하면 여행은 다른 사람과 관계를 맺으며 이루어지기 때문입니다.

아이들과 제주도 한 달 살기를 할 때 숲으로 산책을 자주 갔었습니다. 숲에 가면 큰아이는 혼자 뛰어가고 싶어 했지만 작은아이는 걷는 것을 힘들어했습니다. 그러면 큰아이는 뛰어가고 싶은 마음을 꾹 참고 어린 동생의 손을 잡고 발걸음을 맞춰 걸어주곤 했습니다. 동생이 넘어질까 살펴 주기도 했습니다.

가끔씩 혼자 빨리 가고 싶은 날이면 저만큼 뛰어가 뒤를 돌아보고 동생이 올 때까지 기다려주었습니다. 그리고 동생에게 "힘내! 형아가 응원해줄게!" 하며 동생을 격려하기도 했습니다.

숲과 바다로, 가고 싶은 곳이 서로 다른 날에는 의견을 나눠 순서를 정하기도 했습니다. 아이들은 여행을 하면서 다른 사람을 배려하고, 서로 다른 의견을 절충하고 타협하는 경험을 하고 있었던 것입니다. 다른 사람과 더불어 살아가는 방법을 자연스럽게 배워갈 수 있었지요.

여행을 함께 한다는 것은 공동의 운명체가 된다는 뜻입니다. 어려운 일을 만나면 함께 해결하고, 즐거운 일을 만나면 함께 기뻐합니다. 즉, 다른 사람과 더불어 생각하지 않으면 행복할 수 없다는 말입니다. 그래서 여행은 다른 사람과 더불어 살아가는 태도를 기르는 최고의 기회가 됩니다.

혼자 떠나는 여행도 마찬가지입니다. 해외여행지에서 만난 한국인, 길을 잃었을 때 도움을 주는 사람들, 물건을 파는 상인들 등. 우리는 여행을 하며 많은 사람을 만나고 때로는 도움을 주고받으며 관계를 맺습니다. 혼자 떠나도 다른 사람과 함께 어울려 살아가는 것을 배우는 것이 여행인 것입니다.

여행으로 문제 해결 능력을 키울 수 있습니다.

낯선 곳에서 여행을 하다 보면 우리는 많은 문제에 부딪히게 됩니다. 언어 장벽 같은 예상할 수 있는 일부터 물건을 도난당하거나 다치는 일 같이 예상 못하는 일들을 겪기도 합니다. 많은 문제들이 일어난다는 것은 아이들이 문제를 해결해 볼 기회가 많다는 뜻이기도 합니다.

저는 아이들이 어릴 적부터 지도 보는 법을 가르쳤습니다. 놀이동산을 가거나 숲에 가더라도 먼저 지도를 보고, 가는 곳을 정해 함께 찾아가는 연습을 했습니다. 처음에는 부모의 도움이 필요했지만 경험이 쌓이자 아이들은 스스로 지도를 보며 찾아갈 수 있게 되었습니다.

놀이동산에 갔을 때 큰아이가 갑자기 화장실에 가고 싶어 한 적이 있었습니다. 작은아이가 유모차에서 자고 있어 급하게 이동하기 어려운 상황이었습니다. 화장실을 찾으려 두리번거리는데 마음이 급하니 눈에 들어오지 않았습니다. 그때 큰아이가 "엄마, 지도 보면 화장실 나오잖아요" 하며 지도에서 화장실을 찾아 내게 위치를 가르쳐주었습니다. 아이는 지도를 보며 먼저 화장실로 뛰어갔습니다. 전 그 뒤를 유모차를 끌며 따라갔습니다.

아이는 지도를 보고 함께 길을 찾아본 경험으로 문제 상황에서 당황하지 않았던 것입니다. 만약 지도를 보며 길을 찾아본 경험이 없었다면 어땠을까요? 아마도 발을 동동 구르며 엄마가 어떻게 해 줄 것을 기다렸을 것입니다.

처음부터 아이들이 문제를 해결할 수 있는 것은 아닙니다. 그러나 부모와 함께 의논하며 한 가지씩 해결해보는 경험들이 쌓일 때 스스로 문제를 해결할 수 있게 되는 것입니다.

아이들은 예상하지 못한 다양한 문제를 해결해보면서, 점차 처음 만나는 문제도 두려워하지 않게 됩니다. 여행하면서 경험했던 지식과 자신의 능력을 연결지어 창의적으로 문제를 해결하는 능력도 함께 길러집니다.

부모와 혹은 여행 중 만난 사람들과 의논하며 문제를 해결하다 보면 다른 사람과 협력하는 태도도 길러집니다. 이 모든 경험은 아이들에게 자신감을 갖게 하여, 주도적으로 문제를 해결하는 태도를 길러줍니다.

바야흐로 4차 산업혁명 시대입니다. 세상은 하루가 다르게 발전하며 변화하고 있습니다. 급변하는 미래를 살아가는 우리 아이들에게 문제해결 능력이란 생존을 위해 꼭 필요한 기능입니다. 그러나 학교와 학원을 오가는 아이들에게 다양한 문제 해결의 기회는 매우 제한적입니다. 아이들에게 더 많은 문제 해결의 기회와 경험을 주기 위해서 여행만큼 효과적인 것은 없습니다.

여행은 새롭고 다양한 문화를 통해 시야를 넓혀줍니다.

여행은 아이들이 다양한 문화를 경험해 볼 수 있는 교육의 장입니다. 우리나라의 여러 지역은 물론 다른 나라의 독특한 특징과 문화, 사람들의 삶을 직접 경험해 볼 수 있습니다. 여러 문화와 사람들을 접하면서 아이들은 다양성을 이해하고 존중하게 됩니다.

처음에 우리 아이들은 손으로 음식을 먹는 인도의 문화를 이상하게 여겼습니다. 그러나 여러 나라를 여행하며 나라마다 음식을 먹는 도구가 다르다는 것을 알게 되었습니다. 그 이후, 아이들은 더 이상 인도의 문화를 이상하게 여기지 않았습니다. 나라마다 다른 독특한 문화로 이해하기 시작했고, 왜 그런 문화가 생기기 시작했는지 관심을 가졌습니다. 아이의 시야가 넓어지고 다양성을 인정하게 된 것입니다.

많은 여행의 경험은 나무가 아닌 숲을 바라보게 해줍니다. 세상을 보다 넓은 시야로 보게 되는 것입니다. 시야가 넓어지면 각각의 나무만 보는 것이 아닌, 함께 어울려 만든 숲의 아름다움도 볼 수 있게 됩니다.

여러 나라의 문화 경험은 세계의 다양성을 이해하고 존중하는 데 중요한 역할을 합니다. 다른 것이 틀린 것이라는 협소한 사고의 틀을 깨줍니다. 그리고 다양한 문화가 함께 조화를 이루어 살아가야 하는 공동체임을 알게 합니다. 이는 미래사회를 살아가는 우리 아이들이 꼭 필요한 자세입니다.

여행은 아이를 건강하게 해줍니다.

요즘 아이들은 참 약합니다. 아토피 같은 알러지도 많고, 체력이 약해 감기를 달고 사는 아이들도 많습니다. 과도한 학습, 스마트폰 사용이나 게임 등으로 운동량이 감소했기 때문입니다. 여기에는 미세먼지, 오존층 파괴와 같은 환경적 요인도 한몫 합니다.

성장기에는 적절한 신체 활동이 필요하고 햇빛을 쬐는 것도 매우 중요합니다. 우리 아이들은 어릴 적 감기를 달고 살았습니다. 일 년에 병원을 찾은 횟수가 100회가 넘었으니 말 다했습니다. 처음 제주 한 달 살기를 하러 갔을 때도 아이들이 아파 일주일도 못 돼 제주 병원을 찾아야 했습니다. 그러나 매일 숲에 가고 오름에 오르며 몸을 움직이고 햇빛을 쬐면서 놀라운 일이 벌어졌습니다. 일 년 내내 먹던 감기약을 뚝 끊게 되었던 것입니다.

제주에서 아이들이 콧물이 보이거나 잔기침을 하면 천지연폭포로 데려갔습니다. 천지연폭포 앞마당은 나무와 폭포가 둘러싸여 있어 바람은 막아주고 햇빛을 쬐기 좋기 때문입니다. 이곳에서 아이들이 햇빛을 받으며 놀고 나면 신기하게 콧물이 쏙 들어갔습니다.

이유가 궁금했는데 건강 프로를 보다가 비타민D 때문이라는 것을 알게 되었습니다. 면역력과 성장을 돕는 비타민D의 효과를 제대로 경험한 것입니다.

여행은 기본적으로 몸을 움직이는 활동입니다. 여행을 하며 걷고, 뛰고, 때론 수영, 등산을 하며 자연스럽게 운동도 하고 체력도 기르게 됩니다. 몸을 움직이니 밥맛도 좋습니다. 밥을 잘 먹으니 더욱 건강해지는 거지요. 또 즐겁게 몸을 움직이니 부정적인 감정도 해소가 되어 낙천적인 아이로 성장하게 됩니다.

여행을 하면서 충분히 받은 햇빛은 비타민D를 생성시켜 몸의 면역력을 키워주고, 성장에도 도움을 줍니다. 여행은 우리 아이들을 건강하게 키워주는 보약인 셈입니다. 여행만 많이 해도 아이들은 몸과 마음이 건강한 성인으로 성장할 수 있는 것입니다. 그 외에도 여행은 도전정신을 길러주고, 자기 주도적 능력을 길러주는 등 교육적 가치가 많습니다.

해마다 자녀와 여행을 하는 부모가 늘고 있습니다. 여행의 가치를 아는 부모가 늘고 있는 것 같아 기쁩니다.

러시아의 작가 도스토예프스키는 「카라마조프의 형제들」에서 이렇게 말했습니다.

'어린 시절의 즐거운 추억이 많은 아이는 삶이 끝나는 날까지 안전할 것입니다.'

유년기의 즐거운 추억이 아이가 살아가는 힘이 되어준다는 뜻입니다.

행복한 유년기를 보낸 아이들은 행복한 어른으로 성장할 확률이 높다고 합니다. 즐겁고 다양한 경험은 자신과 다른 사람을 신뢰하고 긍정적인 가치관과 태도를 지니게 합니다. 자연스럽게 행복한 삶을 살아가게 되는 것입니다.

여행은 힘들어도 지나면 즐거운 추억으로 남습니다. 부모와 함께하는 여행은 아이에게 행복으로 기억되고, 자양분이 되어 긍정적이고 밝은 아이로 성장하도록 도울 것입니다. 그리고 고난을 이겨내는 힘이 되어줄 것이라 확신합니다.

아이와 가능한 많은 여행을 떠나길 바랍니다. 장소는 크게 상관없습니다. 아이와 함께하는 그 자체로 이미 의미가 있기 때문입니다.

학원에서 배우지 못 하는 것들, 여행에서 배운다

저는 학원비가 아깝습니다. 물론 우리 아이들도 학원을 다닙니다. 아이들 스스로 희망하는 학원만을 보내고 있습니다. 그마저도 방학이 되면 원장님께 양해를 구하고 보내지 않습니다. 방학이 시작되면 학원비를 모아 놓은 돈으로 여행을 다니기 때문입니다.

이런 나를 보며 충고해주는 엄마들이 있습니다. 수학을 미리 잡아 놓지 않으면 '수포자(수학 포기자)'가 된다고 무서운 말로 겁을 주기도 합니다. 의연하게 듣는 척하지만 사실 이럴 땐 갑자기 걱정이 밀려옵니다. 당장이라도 아이의 손을 잡고 학원으로 달려가야겠다는 마음이 생기기도 합니다.

우리 아이가 수포자가 된다니 호환마마보다 더 무섭게 느껴집니다. 그런데 집으로 돌아와 아이와 이야기를 나누다 보면 금세 마음이 안정됩니다. 아이를 믿어주지 못한 엄마가 된 것 같아 이내 미안해지기까지 합니다.

요즘 학원을 가면 먼저 레벨테스트를 한다고 합니다. 아이의 수준에 맞춰 반을 나누는 것인데 아이들 자체가 레벨에 따라 평가되는 건 아닐까 걱정이 됩니다. 또 레벨을 높이려고 얼마나 서로 경쟁을 할까 안쓰럽기까지 합니다.

좁은 책상에 앉아 머릿속에 지식들을 꾸역꾸역 넣고 있을 아이들이 과연 행복할까 하는 의문이 자꾸 듭니다. 특히나 한참 뛰어놀며 오감을 통해 세상을 배워나갈 유·아동기의 아이들이 학원을 뺑뺑 돌며 무엇을 느끼고 배울지 궁금합니다.

물론 학원도 필요합니다. 흥미 또는 학업 성취에 스스로 필요하다고 느낄 때 말입니다. 아이의 재능과 실력을 키워줄 수 있기 때문입니다. 다만 아이들의 흥미와 필요가 아닌 부모의 일방적인 요구에 의해 학원 스케줄이 꽉 차 있다면 한 번 고민해 보아야 할 것입니다.

유·아동기는 실제 경험과 시행착오를 통해 발달을 하는 시기입니다. 직접 보고, 듣고, 만지고, 느끼며 스스로 지식을 구성하고 나아가 그 경험들을 통하여 문제 해결 능력, 논리적 사고를 키워나가게 됩니다. 즉, 책에서 '꽃이 예쁘다'라는 것을 배우는 것보다 직접 꽃을 보고, 향기를 맡아보며 스스로 아름답다고 느끼는 것이 교육적 효과 또한 더욱 크다는 뜻입니다.

저는 학원에서보다 여행에서 배우는 것이 더 살아있는 교육이라 믿습니다. 학원에서는 정답만을 요구하는 지식을 배웁니다. 무엇을 느꼈는지, 어떤 생각이 들었는지 아이의 생각은 중요하지 않습니다. 문제를 풀고 정답을 맞춰 성적을 올리는 것만이 중요합니다.

학원에서는 지식을 배우지만, 여행은 삶을 배웁니다.

여행은 정형화되고 안정적인 환경이 아니기 때문입니다. 여행에는 늘 예측불허의 상황이 존재하기 마련입니다. 때론 길을 잃기도 하고, 우연히 의미 있는 장소를 발견할 수도 있습니다. 곤경에 처하기도 하고, 낯선 누군가의 도움으로 극적으로 문제를 해결하기도 합니다. 이러한 비정형화된 경험 속에서 아이들은 살아가는 데 꼭 필요한 것들을 배워나갑니다. 바로 문제 해결 능력, 주도성, 자신감 등과 같은 태도입니다. 또한 세상을 바라보는 넓고 깊은 시선을 배울 수 있습니다.

이렇듯 아이들이 살아가면서 진짜 배워야하는 것들은 길 위에 있습니다.

작은아이는 낯가림이 심하고 쑥스러움이 많은 아이입니다. 누군가에게 자신의 생각을 말하기는커녕 오랜만에 만나는 친척들에게 인사도 제대로 못 하는 아이였습니다. 친구들에게도 늘 먼저 다가서기 힘들어 했습니다. 그러던 아이가 여행을 다니면서 성격이 조금씩 변하기 시작했습니다. 자신의 생각을 이야기하기 시작한 것이지요. 또 여행지에서 만난 사람에게도 먼저 인사를 하며 스스럼없이 다른 사람과 관계를 맺기 시작했습니다. 이것이 바로 여행의 힘입니다.

여행은 가르침은 없으나 배움은 있습니다.

가르쳐주는 사람은 없으나 다양한 경험 속에서 스스로 깨우치고 배운다는 뜻입니다. 여행의 경험들은 아이를 변화시킵니다. 여행이 반복될수록 아이의 성장이 느껴집니다. 앞으로의 여행이 계속 기대되는 이유입니다.

여행에서 아이의 성장을 돕기 위한 방법으로 몇 가지 조언을 하고 싶습니다.

첫째, 아이와 함께 계획을 세우고 준비하십시오.

대부분의 부모들은 여행의 모든 상황을 부모가 결정하고 아이들은 데리고 다니기만 합니다. 직접 결정하고 주도적으로 참여하는 여행은 아이들에게 더 많은 의미를 줍니다.

그러기 위해서는 패키지여행처럼 정형화된 여행보다는 자유 여행처럼 유동적인 여행이 좋습니다. 국내 여행도 마찬가지입니다. 자유 여행은 아이의 요구, 건강 상태, 날씨에 따라 융통성있게 조절이 가능하기 때문입니다. 아이들은 자신이 계획하고 결정한 여행에 더 행복함을 느끼고 성취감을 느낍니다.

둘째, 긍정적인 태도로 여행하기를 권합니다.

부모는 아이의 거울이고, 아이는 부모님의 그림자입니다. 부모의 행동은 아이들에게 많은 영향을 줍니다. 아이들은 부모의 행동을 모방하며 자라기 때문입니다. 여행에서도 마찬가지입니다. 여행을 할 때 부모가 다른 사람들을 대하는 태도, 환경을 대하는 모습, 어려움에 처했을 때 해결하는 모습 등을 지켜보고 있다가 자연스럽게 따라 합니다. 글로벌 시대를 살아가고 있는 우리 아이들이 긍정적인 태도로 글로벌 매너를 기를 수 있도록 부모가 좋은 본보기가 되어야 합니다.

셋째, 질문하고 대화하십시오.

질문은 아이의 사고를 확장 시키고, 아이들로 하여금 자신의 시선으로 새롭게 의미를 부여하기도 합니다. 여행에서 보고 느끼는 모든 것들을 질문하고 함께 대화할 수 있습니다. 그러나 질문이 중요하다고 해서 끊임없이 질문하면 안 됩니다. 아이가 스스로 보고, 듣고, 만지고, 오감으로 체험하는 것이 가장 중요하기 때문입니다.

여행지에서는 마음이 여유롭고 편안해지기 마련입니다. 아이와 더 많은 질문과 대화를 할 수 있다는 뜻입니다. 이러한 시간은 자녀와 교감을 나누며 정서적 유대감을 형성하는 데 큰 도움이 됩니다.

넷째, 흔적을 남기고 추억이 되게 하는 것입니다.

여행을 다녀오면 집으로 돌아옴과 동시에 잊혀지는 경우가 많습니다. 아이들은 남겨진 기록이 있다면 더 오래 기억을 합니다. 사진을 모아 앨범을 만들어도 좋고 아이의 여행 보고서, 일기도 좋습니다.

여행을 다녀 온 후 남겨놓은 추억들을 틈틈이 꺼내보며 여행의 추억을 상기시키면 아이들은 어른보다 더 자세히 오래 기억을 합니다. 이러한 여행의 좋은 기억은 일상에서도 긍정적인 생활 태도를 지니는데 도움을 줍니다 .

못 떠나는 데는 이유가 많고,
떠나는 데는 이유가 하나다

아이들과 여행을 즐겨 다니는 저는 가끔 이런 말들을 듣습니다.

"그렇게 다녀봤자 애들 크면 하나도 기억 못 해. 굳이 그렇게 데리고 다닐 필요 없어. 다 돈 낭비야. 차라리 그 돈 모았다가 애들 크면 주는 게 훨씬 나아."

"애들 데리고 비행기 타는 부모들은 진짜 민폐야. 애들이 뭘 안다고 부모 욕심에 비행기 태워서 애들 울리고……. 애는 애대로 힘들고, 주변 사람들은 더 힘들고, 정말 그런 부모는 이기적인 부모들이야."

물론, 이렇게 말하는 사람들의 이야기도 틀린 건 아닙니다. 그러나 전 돈을 낭비하고 있거나, 이기적인 부모라고 생각하지는 않습니다. 저를 염려하며 충고해 주는 감사한 사람들에게 "그럴 수도 있겠네요"하고 웃으며 이야기하는 편입니다.

"왜 여행을 가세요?"

가끔 사람들에게 질문합니다.

"힐링하러 가지요."

"가족들이랑 함께하고 싶어서요."

"그 지역의 유명한 맛집을 탐방하는 게 좋아서요."

사람들은 여행을 하는 다양한 이유를 말합니다.

그 누구도 여행을 기억하기 위해 떠난다는 사람은 없습니다. 그런데 유독 아이들과 떠나는 여행에서는 아이들이 모든 것을 기억하기를 바라고, 기억을 못 하면 헛수고라고 생각을 합니다.

성인인 저도 여행의 경험들을 모두 기억하지 못합니다. 물론, 처음에는 대부분을 기억하지만 시간이 지남에 따라 자연스럽게 잊혀지는 경우가 많습니다. 분명 유명한 관광지라고 찾아가 인증샷도 찍었는데, 여기가 어디였더라 기억이 가물가물하고 정확한 명칭이 떠오르지 않을 때가 많습니다.

대신 설레고, 즐겁고, 두려웠던 다양한 사건과 그때 느낀 감정들, 고생하며 몸으로 겪은 기억, 여행에서 들었던 생각들은 신기하게 시간이 흘러도 또렷합니다.

아이들도 비슷할 것이라고 생각합니다. 아이들은 어디를 다녀왔는지 기억하지 못할지도 모릅니다. 그러나 여행지에서 겪은 경험과 느낀 감정, 생각들은 이미 아이를 성장시키는 자양분이 되었을 거라고 생각합니다. 또한 아이들이 가족과 함께 여행하며 느끼는 행복 하나만으로도 충분한 가치가 있다고 여겨집니다. 그것이 바로 제가 아이들과 여행을 하는 이유입니다.

2014년의 가을이었습니다.

당시 육아휴직 중이었습니다. 오랜만에 고등학교 친구들과 점심 약속이 있어 영등포에 갔습니다. 약속 시간보다 일찍 도착하게 되어 서점에 갔습니다. 볼만한 책이 있나 하고 살펴보는데 책 한 권이 눈에 들어왔습니다. 「엄마랑 아이랑 제주에서 한 달」이라는 책이었습니다. 제목을 보는 것만으로도 심장이 두근거렸습니다.

'제주에서 아이랑 한 달을 보낸다고?' 호기심에 이끌려 냉큼 책을 구입했습니다. 친구들과 헤어져 집으로 돌아오자마자 책을 읽었습니다. 그리고 무엇에 홀린 듯 인터넷을 뒤지기 시작했습니다.

한 달 동안 머물 숙소를 알아보고, 대략적인 예산을 뽑았습니다. 만만치 않은 금액이었습니다. 당시 육아휴직 중이어서 경제적으로 여유가 없었습니다. 결혼해서 조금씩 모아놓은 적금 통장까지 해지해 모두 사용한 탓에 갑작스런 여행 경비는 엄두도 못 낼 형편이었습니다.

'아~ 이대로 포기해야 할 것인가?'

고민에 빠져들었습니다.

저 자신에게 질문을 하나씩 하기 시작했습니다.

'복직을 하게 되면 지금처럼 한 달이란 시간을 내서 아이들과 갈 수 있을 것인가? '

'돈은 어떻게 충당할 것인가?'

'남편은 과연 허락을 해 줄 것인가? 반대하면 난 뭐라고 설득을 해야 할 것인가?'

'내가 없는 동안 남편의 의식주는 어떻게 해결할 것인가?

'시부모님께는 뭐라고 말씀을 드려야 할 것인가?'

스스로에게 질문을 하다 보니, 복직을 하면 돈은 생길지언정 절대 시간을 내서 갈 수 없다는 결론에 도달했습니다. 내게 허락된 이 시간을 도저히 포기할 수가 없었습니다. 그날 밤 퇴근한 남편에게 저녁 식사 후 조심스럽게 이야기를 꺼냈습니다.

"나 아이들이랑 제주도에 가볼까 하는데……."

"제주도? 언제?"

"10월에……."

"갑자기 그게 무슨 소리야? 나 시간 내기 어려울 거 같은데."

"아니, 당신 빼고 애들이랑 나랑 셋이서……."

"나 빼고 셋이서 간다고 ? 얼마 동안?"

놀란 남편이 내게 다시 물었습니다.

"으응… 한 달 동안…가볼까 하고."

남편은 말을 멈추고 어이없다는 듯이 저를 한참 쳐다보며 짧게 말했습니다.

"돈 있어?"

예상했던 질문입니다.

"아니, 없지. 하지만 이제 나 곧 복직하는데 복직하면 돈이 있어도 시간이 없잖아. 그땐 가고 싶어도 절대 갈 수 없을 거 같아서……. 이번이 마지막 기회일 거 같아. 꼭 가고 싶어. 돈은 내가 마련해볼게. 허락만 해주라. 응?"

홈쇼핑 마감 5분 남은 방송을 보는 것 마냥, 이번 기회를 놓치면 영영 놓칠 것만 같았습니다. 초조해지고 절실한 마음이 들었습니다. 그 절실함으로 남편을 설득했고, 돈은 스스로 마련해보는 걸로 하고 허락을 받아냈습니다.

"야호!!!"

제주도에서 한 달이라 생각만 해도 설레이고 기뻤습니다. 잠자리에 들면서 큰아이에게 제주여행에 대하여 이야기를 해주었습니다. 그런데 기쁘게 여길 줄 알았던 큰아이가 정작 자신은 절대 갈 수 없다며 반대를 했습니다.

당시 큰아이는 일곱 살, 작은아이는 네 살이었습니다. 아빠도 없이 낯선 곳에서 한 달을 산다는 것이 겁나고, 유치원 친구들과 헤어지는 것도 싫었던 것입니다. 예상하지 못한 일이라 당황스러웠습니다. 그렇다고, 무조건 "엄마 시키는 대로 해" 할 수도 없는 일이었습니다.

며칠 동안 아이와 하브루타하며 제주여행에 관해 나누었습니다. 엄마가 왜 가고 싶은 지, 제주도에 가면 함께 무엇을 할 수 있는 지, 어떤 좋은 점들이 있는 지를 질문하고 대답하며 아이를 설득시켰습니다. 큰아이를 설득시키는 것이 남편을 설득시키는 것보다 더 힘든 일이었습니다.

딱 일주일이 되던 날 큰아이는 "같이 가볼게" 하며 승락을 했습니다.

그나마 다행인 것은 작은아이는 '엄마 껌딱지'라 설득이 필요 없었다는 것입니다. 그렇게 일주일 만에 세 남자의 허락을 받았습니다.

그런데 웬걸? 이번엔 친정 부모님이 시부모님 볼 면목이 없다며 반대를 시작했습니다. 직장 다니는 남편을 집에 혼자 두고 한 달 동안 제주도 여행을 가는 며느리를 어느 시부모님이 좋아하겠느냐는 것입니다. 친정 부모님까지 반대를 할 줄이야!!! 머리가 지끈 아파왔습니다.

정말 내가 무모한 것인가? 정말 포기해야 할까? 내가 너무 현실을 고려하지 않은 것일까? 혼자의 결심만으로는 현실의 벽이 높게 느껴졌습니다. 그런데 감사하게도 시부모님은 며느리의 용감한 도전을 오히려 응원해주셨습니다. 그제서야 친정 부모님도 마음이 놓였는지 다녀오라고 하셨습니다.

여행을 준비하려고 하니 문제는 여행 자금이었습니다.

나 혼자 알아서 마련할테니 걱정하지 말라고 큰소리치긴 했지만 어떻게 자금을 마련해야 할지 막막했습니다. 먼저 모아 놓은 의료비 영수증을 모두 모아 보험료를 청구하였습니다. 당시 아이들이 병원을 제 집 드나들듯 다녀 걱정이 많았는데 아이러니하게도 여행에는 큰 보탬이 되었습니다. 몇 년을 모은 돼지저금통도 털었습니다. 또 틈틈이 생기는 용돈을 모아 놓는 여행통장을 해지하였습니다. 친정 식구들에게 전화를 돌려 생일 선물을 미리 현금으로 달라고 해서 여행경비를 모았습니다. 마지막으로 아이가 다니던 어린이집을 과감히 퇴원 처리하고 남편에게 어린이집 비용을 달라고 요구했습니다. 어린이집을 그만두니 양육 수당도 받을 수 있었습니다.

그렇게 하니, 돈이 꽤 모여 한 달 숙소비를 지불하고, 생활비를 할 수 있을 정도로 돈이 남았습니다. 부족한 부분은 남편이 고맙게 후원을 해 주기도 하였습니다.

'인간은 일생 동안 많은 기회가 있다. 그것을 볼 줄 아는 눈과 붙잡을 수 있는 의지를 가진 사람이 나타나기까지 기회는 잠자코 있다. 우리는 우리가 생각하는 것보다 더 우리 자신의 힘 속에 자기 운명의 열쇠를 가지고 있다.'

구울드는 말했습니다.

여행을 가기까지 많은 걸림돌이 있었습니다. 그러나 여행을 떠나겠다는 굳은 의지로 포기하지 않았기에 기회를 잡을 수 있었습니다. 덕분에 여행 가기 전 느꼈던 어려움을 모두 잊을 만큼, 아니 몇 번의 어려움도 다시 이겨낼 수 있을 만큼 아이들과 행복한 시간을 보내고 돌아왔습니다. 그 후로, 몇 년이 지난 지금까지도 제주도는 아이들에게 행복한 추억이 깃든 마음의 고향같은 곳이 되었습니다.

여행을 자주 가는 사람을 보고 "저 사람은 시간이 많아서, 돈이 많아서, 여유가 있으니까 여행을 떠나는거야"라고 말하는 사람이 있습니다. 본인은 그럴 사정이 안 되서 못 떠난다는 것이지요. 그러나 완벽한 상황에서 떠날 수 있는 사람이 얼마나 될까요?

여행은 모든 상황이 완벽하게 갖춰졌을 때만 떠날 수 있는 것이 아닙니다. 시간이 없음에도, 돈이 없음에도, 또 어떤 사정이 있음에도, 그럼에도 불구하고 떠나는 것입니다.

혹시 고민만 하고 있는 부모들이 있다면 두려워하지 말고 아이들과 함께 떠나라고 말하고 싶습니다. 과감히 학원비를 아껴서라도…….

시간이 많다고 생각하는 부모들이 있습니다. 아이들이 조금 더 커서 데리고 다니기 편할 때쯤에, 아이들이 여행을 기억할 수 있을 때쯤에, 혹은 나중에 여유가 좀 더 생기면 여행을 해야지, 하고 뒤로 미룹니다. 하지만 아쉽게도 아이들이 부모와 함께 여행을 떠나줄 시간은 길지 않습니다. 특히나 어렸을 때부터 부모와 함께 다녀본 경험이 없는 아이들은 사춘기가 되어서는 굳이 부모와 다닐 생각조차 하지 않습니다.

아이들은 기다려주지 않습니다. 부모와 함께하길 원하는 지금 이 순간이 바로 아이와 함께 여행을 떠날 적기입니다. 그리고 떠나보면 알게 될 것입니다. 아이와 함께한 여행은 그 자체만으로도 의미가 있다는 것을. 그리하여 한 번도 여행을 안 떠난 부모는 있어도, 한 번만 여행을 떠나는 부모는 없다는 것을 말입니다.

알면 알수록 좋은 하브루타

하브루타와의 인연은 한 권의 책으로 시작되었습니다.

그 책은 바로 전성수 교수님의 「부모라면 유대인처럼 하브루타로 교육하라」입니다. 서점에 있는 수많은 책 중에 이 책을 선택하게 된 이유는 간단했습니다. 세계 인구 중 0.25%밖에 안 되는 유대인들이 전체 노벨상의 30%, 하버드 대학의 30%를 차지하고 있는 그 비결이 보통의 엄마들처럼 궁금했기 때문입니다.

전성수 교수님은 그 비결을 유대인의 자녀교육법에서 찾았습니다.

유대인은 자녀들에게 정답을 가르쳐주지 않는다고 합니다. 대신 질문하고, 대화하고, 토론하고, 논쟁하며 자녀가 스스로 답을 찾아가게 도와줍니다. 즉, 하브루타를 통해 자녀의 생각하는 힘을 길러주고 있다는 것이지요.

아차! 싶었습니다. 아이들에게 책을 많이 읽어주고, 다양한 경험을 시켜주면 자연스럽게 생각하는 힘이 길러진다고 믿었는데, 아이들과 질문하고 대화하고 토론하라니……. 물론 책을 읽고, 다양한 경험을 하는 것 또한 사고력을 기르는 데 도움이 됩니다. 그러나 질문하고 대화할 때 그 효과가 더욱 커질 수 있다는 것까지는 미처 생각지 못한 것이지요.

"마따호쉐프?"

유대인들이 가정이나 학교에서 아이들에게 가장 많이 하는 말입니다. "네 생각은 어때?"라는 뜻입니다. 이 말 한 마디로 유대인들이 아이들 스스로 생각하고, 말하는 것을 얼마나 중요하게 여기는지 알 수 있습니다.

여기서 주목해야 할 점이 한 가지 있습니다. 바로 아이들의 대답을 듣는 유대인의 태도입니다.

유대인들은 아이들의 답에 맞다 틀리다를 이야기하지 않는다고 합니다. 하나의 질문에 100가지의 답이 있다고 생각하기 때문입니다. 오로지 한 개의 정답만을 맞춰야 인정받는 우리나라 교육과는 비교가 되는 일이지요. 이것만으로도 질문을 주고받으며 대화하고 토론하는 문화를 가진 유대인들이 왜 노벨상 수상자가 많은지 이해가 되었습니다.

세계적으로 경제, 교육, 문화 등 다양한 분야에서 유대인들의 활약이 커지면서 많은 나라에서 유대인들의 교육에 관심을 갖기 시작했습니다. 우리나라에서도 유대인의 교육 방법으로 하브루타가 알려지기 시작했습니다. 공교육은 물론 사교육 현장에서도 하브루타에 관심을 가졌습니다. 많은 사람들이 질문과 토론으로 사고력을 확장 시키고, 학습의 효과를 높이는 데에 주목했습니다. 저 또한 그랬습니다.

그러나 하브루타를 알아갈수록 유대인의 하브루타에는 사고력 향상 이상의 중요한 가치가 있다는 것을 깨닫게 되었습니다. 제가 하브루타에 빠지게 된 진짜 이유였습니다.

하브루타가 가진 중요한 가치는 무엇일까요?

첫째, 하브루타는 존중을 의미합니다.

유대인들은 자신의 생각을 표현하는 것을 매우 중요하게 여깁니다. 그래서 어릴 때부터 일상생활 속에서 부모와 대화하면서 자연스럽게 자신의 생각을 말하도록 가르칩니다. 또한 탈무드를 함께 하브루타 하며 자신의 생각을 말하도록 합니다. 이때 부모는 어떠한 대답이라도 존중하며 자녀의 이야기를 귀 기울여 들어준다고 합니다. 이러한 교육을 받으며 자란 유대인들은 자기 의견 말하기를 두려워하지 않습니다. 물론 다른 사람의 의견도 존중해주겠지요.

우리는 어떤가요? 자신의 생각을 말하기보다는 어른의 말을 들어야 한다고 배웠습니다. 부모의 말을 잘 듣고, 선생님의 말을 잘 듣고 따르는 아이가 좋은 학생이라고 여겨졌죠. 그러다 보니 아이의 의견을 존중하며 들어주는 문화가 이루어지지 못했습니다.

"네 생각은 어때?"

상대방의 생각과 의견을 묻는 것은 존중입니다.

특히 부모가 아이에게 생각을 묻는 하브루타는 아이가 부모로부터 존중받는 느낌을 받게 됩니다. 친구와 서로 다른 생각을 질문하고 답하는 과정은 서로의 의견을 존중하는 법을 배우는 것입니다. 물론 토론하는 동안 큰 소리를 내며 논쟁할 수도 있습니다. 그러나 토론이 끝나면 더 좋은 친구가 됩니다. 왜냐하면 하브루타는 누구의 답이 맞았는가를 두고 싸우는 논쟁이 아닌, 함께 더 좋은 답을 찾기 위한 논쟁이기 때문입니다.

둘째, 하브루타는 관계의 시작입니다.

질문은 상대에 대한 관심입니다. 처음 만나는 사람과 어색한 순간에 "어디 사세요?", "이름이 뭐예요?"라는 간단한 질문만 오고 가도 어색함이 줄어듭니다. 질문을 하고, 이야기를 주고받으며 서로에게 마음을 열기 때문입니다.

일상생활에서도 "밥은 먹었니?", "무슨 일 있었니?"라고 질문하며 상대방에게 나의 관심을 표현합니다.

질문을 한다는 것은 내가 당신에게 다가가겠다는 의미이기도 합니다. 반대로 질문에 대답하는 것은 내 마음의 문을 열겠다는 뜻과 같습니다. 관심이 없거나 싫은 사람에게는 절대로 질문하지 않습니다.

하브루타는 서로의 이야기를 귀 기울여 들으며 마음을 표현하고 이해하는 과정입니다. 이 과정을 통해 관계는 더욱 돈독해지고, 두터워지는 것이지요.

셋째, 하브루타의 중심에 가정이 있습니다.

유대인들은 가정을 매우 중요하게 여깁니다. 그들에게 가정은 교육의 장이며 마음이 치유되는 곳입니다. 탈무드에서도 '가정은 가장 작은 사회 단위다. 가정에 소홀한 사람은 사회에 도움이 되지 않고, 거대한 사회 속에서 진정한 구성원이 되지 못한다'라고 쓰여져 있습니다. 가정의 중요성을 강조하고 있는 것입니다.

유대인들은 가족과 함께하는 시간 또한 매우 중요하게 여깁니다. 안식일에는 가족과 함께 저녁 식사를 하며 탈무드와 토라를 하브루타 합니다. 저녁 만찬은 서로의 의견과 감정을 나누며 자연스럽게 자녀교육을 하는 시간이 됩니다. 이러한 전통으로 유대인들은 가족의 가치를 깨닫고 자연스럽게 가정의 행복을 중요시하게 됩니다.

저자가 찾은 하브루타의 중요한 가치는 이외에도 창의성, 문제 해결 능력, 나눔, 자기 주도 학습 등 여러 가지가 있습니다.

하브루타를 시작할 때는 단순히 내 아이가 좀 더 똑똑한 아이로 성장하길 바랬습니다. 그러나 하브루타를 하면서 아이보다 내 자신이 먼저 성장하고 있음을 느낍니다. 하브루타를 하면서 모든 것에 질문을 던지며 그 의미를 깊이 생각해보게 되었고, 나 자신에게도 질문을 하며 나를 자세히 바라보게 되었기 때문입니다. 질문으로 나의 의미 있는 변화가 시작된 셈입니다.

그 변화는 깊은 울림이 되어 나의 가정에, 주변 사람들에게, 직장에서도 영향을 미치게 되었습니다. 하브루타를 하면 할수록 하브루타를 해야 하는 이유가 늘어납니다. 그만큼 중요하고 좋다는 이야기입니다. 저는 앞으로도 하브루타에 푹 빠져있을 예정입니다.

지금 이 책을 읽는 독자님도 하브루타에 푹 빠져 새로운 가치를 발견할 수 있기를 바랍니다.

여행과 하브루타가 만날 때 최고의 교육이 시작된다

세윤이가 또랑또랑한 목소리로 말했습니다.

"토요일에 엄마랑 아빠랑 서울 대공원에 다녀왔어요. 호랑이랑 코끼리도 보고 홍학도 봤어요. 아빠가 원숭이한테 먹이를 사서 줬어요."

이번엔 민희가 발표를 하겠다고 손을 번쩍 들고 나와 말했습니다.

"일요일에 엄마랑 아빠랑 어디 다녀왔어요."

"어디를 다녀왔나요?"

"… 생각이 안나요."

유치원에는 매주 월요일마다 주말을 지낸 이야기를 발표하는 시간이 있습니다. 아이들마다 발표하고 싶어 너도나도 팔을 쭉 뻗어 올린 채 말똥말똥 선생님을 쳐다봅니다. 누구를 선택해야 한다는 것이 참 어려운 순간이지요.

친구들 앞에서 발표를 하는 아이들 모습에서 차이를 발견합니다. 세윤이처럼 구체적으로 무엇을, 어디서, 어떻게 했는지 요목조목 말을 잘 하는 아이가 있는가 하면 막상 발표를 하려는 데 아무것도 생각이 안 난다는 아이가 있습니다.

두 아이의 차이는 어디서 왔을까요?

보통 부모님과 함께 이야기를 나눈 경험이 많은 아이일수록 세윤이처럼 표현을 잘합니다. 반대로 부모와 함께하는 경험과 대화가 적을수록 어휘력과 표현력이 서툰 경우가 많습니다.

많은 부모들이 아이들에게 다양한 경험을 제공해주기 위해 체험활동이나 여행을 데리고 갑니다. 세윤이와 민희 부모님도 그랬을 것입니다.

아이들과 여행 또는 체험활동을 가는 부모의 마음은 아마 비슷할 거라 생각됩니다. 의미 있는 경험이 되길 바라는 것이지요. 저 또한 그렇습니다.

그러나 모든 여행의 경험이 의미 있게 남지는 않습니다. 여행이 더욱 의미 있어지려면 부모의 역할이 필요합니다.

어떻게 해야 의미 있는 경험을 만들어 줄 수 있을까요?

질문의 답을 찾던 중 하브루타가 떠올랐습니다. 경험의 폭을 넓히는 여행과 생각하는 힘을 키우는 하브루타가 함께한다면 어떤 효과가 있을지 궁금해졌습니다. 그래서 우리 아이들과 함께 여행 하브루타를 시도해보았습니다.

여행과 하브루타의 시너지 효과는 대단히 컸습니다. 아이들은 여행 하브루타를 시작하면서 여행에 주도적으로 참여하기 시작했습니다. 또한 여행지에서의 많은 경험을 통해 성장해갔습니다. 때론 경험 속에서 스스로 의미를 찾기도 했고, 지적 호기심을 채워 나가기도 했습니다. 여행 자체를 즐길 줄도 알게 되었습니다. 또 부모와 함께 소통하며 공감대가 형성되어 친밀도가 높아졌습니다.

두 가족이 벚꽃놀이를 다녀왔습니다.

지용이는 부모님과 함께 벚꽃길을 걸었습니다. 바람이 불자 벚꽃이 눈처럼 휘날렸습니다. 지용이는 꽃잎을 잡으러 신이 나서 뛰어 다녔습니다. 지용이 부모님은 함께 꽃잎을 모아 손바닥에 올려놓고 입으로 '후' 하고 불어 보았습니다.

지용이는 부모님과 함께 놀이하니 참 재미있었습니다. 지용이는 부모님과 함께 사진도 찍었습니다. 그리고 집으로 돌아왔습니다.

종석이도 부모님과 함께 벚꽃길을 걸었습니다. 나무 위에 마치 눈꽃이 핀 것 같았습니다. 종석이가 엄마에게 말했습니다.

"솜사탕이 나무에 매달려 있는 거 같아요."

그때, 바람이 불어 벚꽃이 눈처럼 휘날렸습니다. 종석이는 꽃잎을 잡으러 신이 나 뛰어다녔습니다. 부모님은 함께 벚꽃잎을 모아 손바닥 위에 올려놓고 '후' 하고 불어보았습니다. 놀이를 한 뒤 엄마가 물었습니다.

엄마: 꽃잎이 왜 날아갔을까?

종석: 바람이 불어서 그래요.

엄마: 꽃잎이 바람에 날리는 모습이 어떤 거 같아?

종석: 하늘에서 눈이 내리는 거 같았어요.

엄마: 꽃잎을 손바닥에 올려놓고 불 때는 어땠어?

종석: 작은 나비가 날아가는 거 같았어요.

종석이는 함께 가족사진을 찍었습니다. 그리고 집으로 돌아왔습니다. 잠자리에 들기 전 함께 찍은 사진을 보며 엄마와 이야기를 나누었습니다.

엄마: 오늘 무슨 꽃을 보고 왔지?

종석: 벚꽃이요.

엄마: 어떤 점이 가장 좋았어?

종석: 꽃잎이 눈처럼 떨어지는 게 예뻐 보였어요.

지용이와 종석이는 둘 다 신나게 벚꽃놀이를 했습니다. 두 가족 모두 아이와 신나게 놀이를 하며 즐거운 시간을 보냈습니다. 다른 것은 종석이 부모님이 아이와 함께 하브루타를 한 것입니다.

그렇다면 지용이와 종석이 중 누가 더 그날의 경험을 자세하게 기억하고 설명할 수 있을까요?

당연히 종석이겠지요. 종석이 부모님은 아이의 경험에 질문을 함으로써 아이의 사고를 확장시켜주었습니다. 따라서 지용이보다 종석이가 벚꽃의 경험에 더 많은 내용을 이해하고, 의미를 가졌을 것입니다.

여행 하브루타를 하는 것은 어떤 의미가 있을까요?

질문을 받게 되면 생각을 하게 됩니다. 그리고 말하기 전에 머릿속으로 생각을 정리하게 됩니다. 그 과정에서 내가 아는 것과 모르는 것을 구분할 수 있습니다. 또, 어떤 결과를 예측해 보거나 상상해보기도 하지요. 이때 문제 해결 능력, 창의력, 사고력을 길러집니다.

정리된 생각을 말로 설명하는 것은 논리력을 필요로 합니다. 하브루타는 사고력을 확장시키고, 자신의 경험과 지식을 의미 있게 구조화시키는 과정입니다.

이 말은, 여행 하브루타는 여행을 통해 쌓은 다양한 경험과 지식을 의미 있게 구조화시키는 과정이라고 설명할 수 있습니다.

그렇다면 여행 하브루타를 시작할 때 부모가 알아두어야 할 것이 있습니다.

첫째, 부모가 먼저 하브루타를 주도해야 합니다.

하브루타를 시작하는 부모들이 오해하는 것이 있습니다. 처음부터 아이들이 질문을 잘할 것이라는 기대입니다. 물론 말을 배우면서 호기심이 늘어날 무렵에는 말 끝마다 "이게 뭐야?" "저건 뭐야?" 하고 물어보는 시기가 있습니다. 그러나 아쉽게도 성장하면서 호기심 가득한 질문은 점차 줄어들게 됩니다.

낯선 여행지에서 처음부터 "궁금한 것이 뭐야?" 하고 질문을 유도하면 아이들이 부담스러울 수 있습니다. 아이들도 처음에는 여행 하브루타가 낯설기 때문입니다.

그래서 부모가 먼저 질문해야 합니다. 부모가 던진 질문으로 자연스럽게 대화를 나누다보면 어느 순간부터는 아이들도 질문을 하며 하브루타를 적극적으로 주도해 나가게 됩니다.

아이들과 하브루타를 할 때는 질문의 양보다 아이들이 자신의 생각을 자유롭게 표현할 수 있도록 시간을 충분히 주는 것이 더 중요합니다.

둘째, 모형은 있지만 정답은 없습니다.

이 책에는 여행을 하며 아이들과 나눈 하브루타를 모형으로 제시하였습니다. 이는 제가 아이들과 여행을 하며 나눈 하브루타 사례들을 모아 독자들이 적용하기 쉽도록 제시한 모형일 뿐입니다.

정답이 아닙니다. 따라서 제시한 모형 중 한 단계만 나누어도 괜찮습니다. 순서를 뒤바꿔도 괜찮습니다. 여행 중에 한 개의 질문만으로 하브루타를 해도 좋습니다.

처음부터 모형의 순서에 맞춰 질문하려면 오히려 부모도 아이도 힘들 수 있습니다. 한 개의 질문에서 점차 질문을 늘려 하브루타 하는 것을 권합니다.

부모가 적용하기 쉬운 단계의 하브루타를 먼저 해보는 것도 방법입니다. 부모가 편안하고 쉽게 질문해야 아이들도 편한 마음으로 대화할 수 있습니다.

형식에 얽매이지 마십시오. 모형에 따라 질문을 만들어 보는 훈련을 한 뒤, 상황에 맞게 떠오르는 질문으로 하브루타 하십시오. 어떠한 질문도, 어떠한 대답도 상관없습니다. 여행을 하며 함께 하브루타 하는 것만으로도 충분히 의미가 있을 테니까요.

셋째, 아이와 함께 떠나는 모든 장소에서 하브루타 합니다.

흔히 여행이라고 하면 왠지 대단한 계획이 있어야 할 것 같습니다. 여행 가방에 한가득 짐을 싸고, 비행기가 아니면 차라도 타고 멀리 가야 여행이라 말할 수 있을 것만 같습니다. 사실 제 책에도 국내여행보다는 해외여행에서 겪은 일화가 더 많이 소개됩니다. 이는 아이들이 다양한 문화 속에서 한 특별한 경험이 많기 때문입니다.

그러나 꼭 해외여행에서만 여행 하브루타를 할 수 있는 것은 아닙니다. 아이들과 함께 간 동네 공원, 숲, 박물관, 체험관, 캠핑장 등 어디서든 하브루타를 할 수 있습니다. 실제로 전 아이들과 숲에 가서 하브루타를 자주 합니다.

또한 숙박 여행이든 당일치기 여행이든 상관없습니다. 아이들이 부모와 함께하는 곳이라면 모두 좋습니다. 장소가 어디든, 시간이 길든

짧든, 아이들에게는 새로운 경험과 즐거운 추억이 될 수 있기 때문입니다.

발밑에 작은 풀꽃도 그냥 지나쳐 가면 아무 의미가 없습니다. 그곳에 있는지도 모를 수 있습니다.

"저기 발밑에 있는 것은 무엇일까?"

"저 풀꽃은 어떻게 여기서 자라게 되었을까?"

질문하고 함께 이야기 나누다 보면 작은 풀꽃에도 의미가 생깁니다. 여행 하브루타는 아이들의 경험을 의미 있게 만들어주는 과정입니다.

아이들은 자신에게 의미가 없는 여행일수록 표현하는 것도 어려워합니다. 여러분의 자녀들은 세윤이처럼 자신의 경험을 구체적으로 표현할 수도, 민희처럼 기억을 잘 못할 수도 있습니다.

표현이 서툰 아이일수록 여행 하브루타를 반복해보십시오. 아이들의 변화를 느낄 수 있을 것입니다. 그 변화하는 모습을 지켜보며 뿌듯함을 느껴보는 날이 오기를 저 또한 기대하겠습니다.

Chapter 2

여행 하브루타 로드맵을 펼치다

여행 하브루타 로드맵을 펼치다

여행 하브루타를 해보겠다고 마음 먹으셨나요? 막상 시작하려는데 어떠한 질문을 통해 대화해야 하는지 막연할 수 있습니다. 우리는 질문하는 것에 익숙하지 않습니다. 그동안 교사의 질문에 답을 하는 교육을 받아왔기 때문입니다.

과거 주입식 교육에 익숙한 부모 세대에게 여행 하브루타는 어렵게 느껴질 수 있습니다. 질문하는 것을 배운 적도 없고, 훈련되지 않았기 때문입니다. 거기에 아이의 성장을 이끄는 질문이 어떤 질문인지도 알기 어렵습니다.

질문은 왜 중요할까요?

질문은 아이의 성장을 이끄는 데 매우 효과적인 교육법이기 때문입니다. 우리는 질문을 받으면 어떻게 대답을 할지 생각합니다. 반대로 궁금한 점을 알기 위해서 질문을 하기도 합니다. 즉, 질문을 할 때나 받을 때, 모두 답을 찾기 위해 생각을 하게 합니다. 그 과정에서 뇌가 활성화되며, 사고가 확장되는 것입니다.

교사인 저 또한 처음엔 질문이 어렵게 느껴졌습니다.

처음 하브루타 연구회에 갔을 때 일입니다. 강사님이 탈무드 이야기를 읽고 질문을 만들어보라고 하였습니다. '질문쯤이야' 하고 쉽게 생각하며 펜을 들었습니다. 그런데 곧 요즘 하는 말로 멘붕이 되었습니다. 머릿속에서 맴돌기만 할 뿐 제대로 된 질문을 만들 수 없었습니다. 질문을 만들어야 한다는 부담감이 컸던 것입니다.

여행 하브루타를 시작하는 여러분도 그럴 수 있습니다. 아이들에게 질문을 해야겠다는 부담감 때문에 입도 뻥긋 못 할 수 있습니다. 처음엔 자연스럽고 당연한 일이니 너무 좌절하지 않으셔도 됩니다.

그럼 저는 어떻게 극복했을까요?

전성수 교수의 하브루타 수업모형 단계에 따라 질문을 만드는 훈련을 했습니다.

질문도 하나의 훈련입니다. 여러분에게도 같은 방법을 추천합니다. 이 책에는 저와 아이들이 함께 여행하며 나눈 하브루타 내용과 질문을 함께 담았습니다. 여행 하브루타의 예시를 살펴보며, 제시한 질문 모형에 적용하여 질문을 만드는 훈련을 하는 것이지요. 몇 가지 요령을 알고 반복적으로 훈련을 하다보면 곧 쉽게 아이들과 여행 하브루타를 할 수 있을 것입니다.

여행 하브루타를 시작하기 전에 준비해야 할 것이 있습니다. 바로 부모님의 마음가짐입니다. 이는 여행 하브루타의 성공과 실패를 가름할 만큼 중요합니다.

만약 이런 마음이 준비되지 않은 채 질문만 한다면 어떨까요? 아이들은 시험처럼 느끼기 쉽습니다. 진정한 여행 하브루타의 의미를 찾을 수 없다는 뜻입니다. 그러면 이제 여행 하브루타를 시작하는 부모의 마음가짐을 알아보도록 하겠습니다.

첫째, 질문은 소통의 시작임을 명심하세요.

아이와 질문하며 대화하는 것은 소통의 시작입니다. 소통의 목적은 지식 또는 사고의 확장이 아닙니다. 바로 관계 맺기에 있습니다.

소통이 잘되면 어떤가요? 일단 상대방과 이야기 나누는 것이 즐겁고, 관계가 좋아집니다. 반대로 소통이 잘 안되면 답답한 마음에 더 이상 아무 말도 하기 싫어집니다. 관계가 좋아질 리는 당연히 없습니다.

부모와 자녀의 소통은 무엇보다 중요합니다. 아이들은 주로 부모에게 대화 방법을 배우기 때문입니다. 소통은 경청에서 시작합니다. 대화를 나누려면 하던 일을 멈추어야 합니다. 눈을 마주 보고 자녀의 이야기를 귀 기울여 끝까지 들어주어야 합니다.

경청 다음은 공감입니다. 자녀의 마음을 이해하고 헤아려 주는 것이죠. 자녀의 이야기에 "아~정말 속상했겠다", "네 마음은 그랬구나" 하며 공감해주는 것입니다.

부모의 공감은 자녀의 마음을 움직이는 힘이 있습니다. 부모와 자녀와의 관계도 한걸음 가깝게 만들어 줍니다. 그래서 자녀와 질문하고 대화만 잘해도 관계가 좋아집니다.

원만한 관계와 소통은 여행 하브루타를 더욱 풍성하게 해줍니다.

둘째, 긍정적인 분위기를 만들어 주세요.

여행 하브루타에서 긍정적인 분위기는 중요합니다. 긍정적인 분위기란 부모가 긍정적인 말과 태도로 아이의 의견과 행동을 수용해주는 것을 말합니다. 긍정적인 분위기에서 아이는 자신의 감정과 생각을 자유롭게 표현합니다. 또 자신감을 얻어 무엇이든 새로운 일에 도전해보려고 합니다.

예를 들어 아이가 여행지에서 짚라인에 도전을 하려고 합니다. 이때 "하지마", "안 돼", "네가 뭘 한다고 그래?" 하며 부정적으로 말한다면 어떨까요? 아마도 의욕이 상실되고 자신감도 없어질 것입니다. 반면에 "네가 해보고 싶구나", "넌 잘할 수 있을거야" 하고 긍정적으로 반응을 해주면 아이는 더욱 힘이 나서 도전해볼 것입니다.

아이가 자신의 생각을 이야기 할 때도 마찬가지입니다. 엉뚱한 질문이나 대답에도 긍정적으로 반응을 해주는 것이 좋습니다. 아이의 생각과 질문에는 정답이 없습니다. 부모가 아이의 질문과 대답을 긍정적으로 수용해줄수록 아이는 자신감을 갖습니다. 그리고 더 다양한 질문과 의견을 내며 사고를 확장해 나갑니다.

셋째, 아이가 오감으로 탐색할 충분한 시간을 주세요!

질문하는 것이 좋다고 해서 지나칠 정도로 끝없이 질문하는 것은 좋지 않습니다. 여행에서는 직접 체험하고 탐색하는 것이 중요합니다. 오감각을 통한 탐색 활동은 자연스럽게 신경회로를 자극하여 뇌를 발달시키고 지식의 기초가 됩니다. 또 자신의 신체를 조절하여 낯선 환경에 적응할 수 있는 능력을 키울 수 있게 됩니다.

새별오름이 궁금하면 새별오름에 올라가보는 것이 가장 좋습니다. 오감을 통해 탐색하는 것만으로도 많은 것을 알 수 있습니다. 새별오름에서 살고 있는 동식물들은 무엇인지, 오름의 경사도는 얼마 정도 되는지 등 말이죠. 또 정상에서 내려다보이는 풍경을 통해 새별오름의 위치를 논리적으로 추측해볼 수도 있습니다. 오름을 오르며 자신의 신체 능력을 조절할 수도 있게 됩니다.

그런데 새별오름을 올라가는 내내 질문한다면 아이는 어떨까요?

경사 때문에 올라가기도 힘든데 방해가 될 것입니다. 아이가 경험하는데 방해가 된다면 아무리 좋은 질문도 안 하는 것이 좋습니다. 아이가 충분히 탐색하고 경험할 수 있도록 시간을 주는 것이 더 중요합니다.

하브루타?
질문?

이제 여행 하브루타를 시작할 마음이 준비 되었다면 함께 방법을 알아볼까요?

여행을 떠날 때 지도가 있으면 찾아가기 쉽습니다. 그래서 여행 하브루타 로드맵을 만들어 보았습니다.

여행 하브루타의 로드맵을 살펴보기 전, 먼저 전성수(2012) 교수의 하브루타 수업 일반 모형을 살펴보았습니다.

도입(동기) 하브루타	내용(사실) 하브루타	심화(상상) 하브루타	적용(실천) 하브루타	메타(종합) 하브루타

하브루타 수업 일반 모형에 여행을 적용해보았습니다. 동기를 유발하는 것은 비슷하나 여행 하브루타에 적용하기에는 무리가 있었습니다.

그 이유를 살펴보면 첫째, 여행에서는 계획의 과정 또한 중요하기 때문입니다. 둘째, 여행에서는 직접 경험하고 체험하는 비중이 높기 때문에 내용 하브루타보다 좀 더 폭넓은 개념이 필요했습니다. 셋째, 실생활에 적용하는 메타 하브루타보다는 여행 후에 소감을 나누며 여행의 의미를 되새겨 보는 과정이 더욱 의미 있었습니다.

그래서 저는 아이들과 여행 하브루타를 한 경험을 살려 하브루타 수업 일반 모형에 여행 하브루타 모형을 새롭게 적용해보았습니다. 그리고 이 단계로 아이들과 여행 하브루타를 직접 실천해보았습니다. 자연스러워 쉽게 적용이 가능했습니다. 또한 효과적이었습니다.

여러분들도 이 모형에 따라 훈련을 한다면 쉽게 여행 하브루타를 할 수 있을 거라 확신합니다.

동기 하브루타	계획 하브루타	체험 하브루타	심화 하브루타	소감 하브루타

❀ 동기 하브루타: 여행지의 사진, 동영상, 지도, 책 등으로 여행지에 관심을 갖게 하고 동기를 유발하는 활동과 질문으로 여행의 흥미를 갖게 하는 단계입니다.

(새별오름 사진을 보며) 이 사진에는 무엇이 보이니?

이 사진은 어디일까?

❀ 계획 하브루타: 여행 장소, 날짜, 기간, 목적, 동반자, 가는 방법 등 여

행 계획을 세우며 나누는 활동과 질문으로 여행을 준비하는 단계입니다.

(새별오름 사진을 보며) 이곳에 간다면 언제 가고 싶니?

이곳에 가려면 무엇이 필요할까?

✿ 체험 하브루타: 여행지에서 오감을 통해 체험하고 경험하면서 함께 나누는 활동과 질문으로 여행의 다양한 경험을 사실적으로 이해하는 단계입니다.

새별오름에 올라가면서 무엇을 보았니?

정상에 오르니 무엇들이 보이니?

가장 가까운 곳에는 무엇이 있니?

멀리는 무엇이 보이니?

✿ 심화 하브루타: 가정법(만약~라면)을 사용한 상상 질문, 옳고 그름과 관련된 가치 질문, 여행지에서 감추어진 이유와 감정을 유추하는 질문, 여행지에서 새롭게 알고 싶은 질문 등으로 여행을 통한 배움을 성찰하는 단계입니다.

새별오름에 빠르게 올라갈 수 있는 방법은 무엇이 있을까?

새별오름의 높이를 재는 방법은 무엇이 있을까?

✿ 소감 하브루타: 여행을 마치고 느낀 감정과 생각을 정리하는 질문으로 여행을 마무리하는 단계입니다.

새별오름에 올라가 본 느낌이 어떠니?

새별오름 정상에서 아래를 내려다 본 느낌이 어떠니?

여행에서 지도는 내가 찾고자 하는 길을 안내해줍니다. 여행 하브루타 모형은 로드맵이 되어 부모와 자녀가 나눌 수 있는 질문을 안내해줄 것입니다. 여행 하브루타의 질문 모형에 따라 질문하는 훈련을 해보십시오. 곧 여행 하브루타를 통해 성장하는 자녀의 모습을 볼 수 있을 것입니다.

명심하세요!

현명한 부모는 설명하는 부모가 아닙니다. 질문하여 자녀 스스로 성장하도록 돕는 부모입니다.

동기 하브루타 ✽ 여행의 동기가 생기면 즐거움이 커진다

토요일 아침이었습니다. 톰은 30미터가 넘는 울타리에 페인트칠 하는 벌을 받는 중입니다. 톰은 우울했습니다. 친구들에게 벌 받는 모습을 보이고 싶지 않았습니다. 그때 톰은 근사한 생각이 떠올랐습니다. 톰은 천연덕스러운 표정으로 페인트칠을 하기 시작했습니다. 잠시 후 친구 벤이 나타나 말을 건넸습니다.

"난 지금 수영하러 가는 길이야. 그런데 넌 일을 해야 하는구나. 그럼 넌 못 가겠네."

톰은 능청스럽게 대답합니다.

"내가 일을 한다는 거야? 하긴 일이라고 할 수도 있고 아닐 수도 있겠다. 다만 나한테 딱 맞는 일이라는 거지!"

"설마 그 일이 좋다는 건 아니겠지?"

"그럼, 이런 일을 싫다고 할 사람도 있냐? 나 같은 어린애가 울타리에 페인트칠을 할 수 있는 기회가 어디 흔한 줄 아니?"

벤은 톰의 이야기를 들으며 서서히 페인트칠에 관심이 생겼고, 급기야 해보고 싶어졌습니다.

"나도 한 번 해봐도 될까?"

그러나 톰은 이 일은 아무나 할 수 없는 일이라며 거절을 합니다. 벤은 페인트칠을 해보고 싶은 마음이 더욱 간절해집니다. 벤은 자신의 사과를 톰에게 주며 애원을 했습니다. 마침내 페인트칠의 기회를 얻게 되었지요. 벤은 신이 나서 페인트칠을 했습니다. 땀을 뻘뻘 흘리면서도 힘든 줄 몰랐지요. 이 모습을 본 다른 아이들도 자신의 물건을 가지고와 톰에게 부탁을 합니다. 그리고는 땀을 뻘뻘 흘리며 지칠 때까지 페인트칠을 합니다.

물론 그동안 톰은 즐겁고 한가롭게 시간을 보냅니다.

「톰소여의 모험」의 한 장면입니다.

이 이야기 속에서 우리는 흥미로운 사실을 발견할 수 있습니다. 그것은 스스로 재미를 갖느냐에 따라 놀이도 일로, 일도 놀이로 바뀔 수 있다는 것입니다. 즉 동기에 따라 흥미와 행동양식이 달라집니다.

쉽게 말하면 같은 일이라도 벌로 하는 것은 재미가 없습니다. 반면 스스로 하고 싶은 일은 벤처럼 땀을 뻘뻘 흘리면서도 재미가 있습니다. 대니얼 핑크는 이런 현상을 '톰소여의 효과'라고 불렀습니다.

이를 뒷받침해주는 연구가 하나 있습니다. 미국 스탠퍼드대 심리학과 교수인 마크래퍼는 한 가지 실험을 했습니다. 유치원생을 A그룹과 B그룹으로 나눈 뒤 그림을 그리도록 하였습니다. A그룹에게는 그림과제를 잘하면 상을 줄 것이라고 이야기를 하고, B그룹에게는 보상에 대한 아무런 이야기를 하지 않다가 나중에 작은 선물을 주었습니다.

A그룹과 B그룹 모두 그림을 열심히 그렸습니다. 2주 후 다시 어린이를 불러 모은 뒤 그림을 그리도록 하였습니다. 흥미롭게도 A그룹은 B그룹에 비해 그림에 대한 호기심이 줄었고 그림을 그리는 시간도 짧아졌습니다. 이는 외적 동기(칭찬과 벌)는 시간이 지남에 따라 일 자체를 재미없게 여기게 된다는 것을 말해줍니다.

외적 동기는 단기적으로 효과가 있지만 장기적으로는 부정적인 결과를 낳습니다. 반면 내적 동기는 지속적으로 흥미를 보이며 일 자체를 놀이처럼 여기게 됩니다. 흥미, 자발성, 성취감, 욕구와 같은 내적 동기가 중요한 이유입니다.

여행도 마찬가지입니다. 부모 손에 이끌려 따라가는 여행은 아무리 좋은 곳을 가도 재미가 없게 느껴집니다. 호기심이 많은 유·아동기에는 부모와 어딜 가든 즐겁습니다. 호기심과 더불어 부모와 함께하는 즐거움이 내적 동기가 되기 때문입니다.

그러나 중학생만 되어도 부모와 여행하는 것이 즐겁지 않습니다.

왜 그럴까요? 흥미가 없기 때문입니다. 대부분의 아이들은 자신의 관심과 흥미에 따라 여행을 한 경험이 없습니다. 내적 동기를 가지고 여행을 떠나본 적이 없다는 뜻입니다. 당연히 여행을 통해 도전하며 즐거움을 찾는 방법도 모릅니다. 부모 손에만 이끌려 다녀봤기 때문입니다.

어릴 적부터 내적 동기로 여행하며 즐거움을 느껴보는 경험은 중요합니다. 그래야 크면서도 여행의 가치를 알고 흥미를 잃지 않습니다.

여행의 가치를 모르는 아이들은 점차 여행이 재미 없어집니다. 부모 뜻에 따라 억지로 끌려 다니는 것은 더욱 싫어집니다. 친구와 노는 것이 더 즐겁고, 집에서 게임하는 것이 더 재미있습니다.

간혹 아이들에게 부모와 함께 외출 또는 여행을 하면 용돈을 준다는 부모님도 있습니다. 결과는 어떨까요? 부모와 자녀 둘 다 만족스럽지 못한 결과로 끝날 확률이 높습니다. 용돈 또한 외적 동기입니다. 용돈으로는 함께 떠나는 효과는 있을지언정 여행을 즐기는 마음을 갖는 데는 한계가 있기 마련입니다.

여행에서도 내적 동기는 중요합니다. 그러나 현실은 어떤가요?

혹시 아이들에게 여행지에 대한 흥미와 관심, 자발성을 갖게 한 후 여행을 함께 떠나시나요? 아니면 아이들의 흥미와 관심은 상관없이 부모님이 단독으로 여행지를 선정하여 데리고 가시나요?

아마도 후자의 경우가 많을 것입니다. 저 또한 여행 하브루타를 하기 전에는 그래왔습니다.

아이들의 관심과 흥미와는 상관없이 제가 '이런 곳에 가보면 좋겠다' 싶은 곳을 선정해서 아이들을 데리고 갔습니다. 다행히 아이들이 흥미 있어 하면 스스로를 대견해하며 뿌듯했습니다.

그러나 아이들이 흥미가 없을 때도 있지요. 그럼 어떻게 했을까요? 먼저 화가 슬슬 납니다. '너를 위해 내가 잠도 못 자고 검색해서 데리고 왔는데 네가 관심이 없어? 그리고 돈은 얼마나 들었는데' 하며 오기가 발동합니다.

내가 투자한 돈과 시간, 열정, 그 모든 것이 아까워서라도 강제 체험이 시작되는 것이지요. 아이들 입장에서 생각해보면 여행에 흥미를 잃는 것은 당연해 보입니다.

그러면 내적 동기를 갖게 하는 방법은 무엇이 있을까요?

답은 여행 하브루타입니다.

여행 하브루타 단계 중 동기 하브루타에 속합니다. 그러면 동기 하브루타에 대해 좀 더 자세히 알아보도록 하겠습니다.

첫째, 여행지에 관심을 갖게 하고 여행의 흥미를 갖게 하는 단계입니다.

방법은 간단합니다. 여행지의 사진, 동영상, 지도, 책, 투어 TV프로그램 등을 함께 봅니다. 다음은 동기를 유발하는 활동과 질문으로 하브루타 하는 것입니다.

엄마: (세부여행 사진을 보며) 여기가 어디일까?

아이: 바다 같아요.

엄마: 어디 바다일까?

아이: 나무를 보니까 우리나라는 아닌 거 같아요. 다른 나라 같은데요.

엄마: 여기는 세부야. 그런데 사람들은 지금 무엇을 하고 있니?

아이: 스노클링도 하고 수영도 하네요.

엄마: 이 바닷속에는 어떤 생물들이 살고 있을까?

아이: 거북이도 살고, 작은 물고기들이 많을 거 같아요.

엄마: 이곳에는 고래상어가 살고 있대.

아이: 고래상어요?

엄마: 응. 직접 바다에서 고래상어를 보는 느낌은 어떨까?

아이: 궁금해요. 저도 직접 바다에서 고래상어를 보고 싶어요.

아이들이 관심을 가지면 자료를 더 찾아보는 것도 좋습니다. 이때는 관심 있는 것을 중점적으로 알아보는 것이 좋습니다. 고래상어에 관심이 생겼으면 고래상어의 먹이, 생태환경, 습성 등을 다양하게 알아보며 호기심을 확장해 나갈 수 있습니다. 아이들은 흥미가 생겼을 때, 더욱 적극적인 자세로 여행에 참여하고 감동을 느낍니다.

둘째, 아이들의 흥미에 따라 여행지를 선택하는 것입니다.

아이들이 흥미 있어하는 곳을 부모가 선택할 수도 있고, 아이에게 여행지를 선택해보게 할 수도 있습니다. 예를 들어, 역사에 관심을 가지기 시작한 아이에게는 경주나 박물관 같은 역사 탐방 여행을 계획할 수 있습니다. 이때 경주 불국사와 천안 독립기념관의 사진을 보며 아이에게 선택을 하게 합니다.

처음부터 아이들에게 여행지를 결정하라고 하면 어렵습니다. 처음에는 두 군데 중에 여행지를 선택하도록 하고, 점차 관심 있는 곳을 스스로 찾아 결정하도록 해야 합니다. 사진이나 홈페이지, 책 등을 보며 다양한 정보를 갖고 선택할 수 있도록 도와줍니다. 이때도 물론 질문을 통해 스스로 선택을 하는 것이 중요합니다.

엄마: 제주도 여행에서 어디를 가보고 싶니? 제주도는 숲과 바다를 다 가볼 수 있는데.

아이: 전 숲에 가보고 싶어요. 바닷가는 너무 더울 거 같아요.

엄마: 그럼 어떤 숲이 좋을까? (사진이나 인터넷을 보며) 이곳은 비자림이고 이곳은 곶자왈 숲이란다.

아이: 비자림이랑 곶자왈은 어떤 곳이에요?

엄마: 비자림은 우리나라 천연기념물로 지정되어 보호받고 있는 곳이야. 곶자왈은 곶은 숲이란 뜻이고 자왈은 가시덤불을 뜻한대. 나무와 덩굴이 마

구 엉클어져서 숲을 이룬 곶이지.

아이: 곶자왈 이름이 독특하네요.

엄마: 응. 이름만큼 형태도 독특한 곳이야. 나무와 뿌리, 가시덩굴, 바위들이 서로 엉퀴어 숲을 이루었거든.

아이: 신기하네요. 전 곶자왈이 좋겠어요. 어떤 곳인지 궁금해요.

엄마: 그럼, 엄마랑 곶자왈에 대해 좀 더 알아볼까?

아이: 좋아요.

무작정 곶자왈에 데리고 갔을 때와 어떤 차이가 날까요?

관심을 갖고 간 아이는 나무와 뿌리, 가시덩굴, 바위가 어떻게 서로 엉퀴어 있는지 살펴보며 확인할 것입니다. 궁금했던 것들을 직접 오감을 통해 체험해보며 더욱 의미 있게 기억할 것입니다.

나를 행동하게 하는 당근과 채찍은 세상에 많습니다. 그러나 나를 즐겁게 행동하도록 하는 것은 내 안에 있습니다. 나의 관심, 흥미, 호기심, 바람, 성취감, 목표, 요구와 같은 내적 동기가 나를 행동하게 하는 힘이 됩니다.

즐거운 여행의 비밀도 내 안에 있습니다.

내가 흥미 있는 곳을 자발적으로 선택하고 떠날 때 비로소 여행의 가치를 알고 여행의 즐거움을 아는 법입니다. 여행 하브루타가 꼭 필요한 이유입니다.

계획 하브루타 ✿
계획은 함께하는 여행의 가치를 높인다

푸른 언덕에 배낭을 메고
황금빛 태양 축제를 여는
광야를 향해서 계곡을 향해서
메아리 소리가 들려오는 계곡 속의
흐르는 물 찾아 여행을 떠나요!

여행을 준비하며 제가 잘 부르는 '여행을 떠나요'라는 노래입니다. 노래를 부르다 보면 더욱 설레여 당장이라도 떠나고 싶어집니다.

설레이는 마음으로 우리 함께 떠나볼까요?

아이들과 여행 하브루타를 통해 여행지를 결정하셨다면 이젠 여행을 계획할 단계입니다.

물론 여행 하브루타에서는 계획도 아이들과 함께합니다. 여행 하브루타는 아이를 데리고 가는 여행이 아닌 함께 가는 여행이기 때문입니다.

동기 하브루타로 아이들이 여행지에 대한 흥미를 가졌다면 계획 하브루타도 어렵지 않습니다.

계획 하브루타는 여행 장소, 날짜, 기간, 목적, 동반자, 가는 방법 등 여행 계획을 세우며 질문으로 여행을 준비하는 단계입니다. 여기에는 여행을 떠날 때 짐을 싸는 일, 여권을 만드는 일 같은 실제적인 준비도 포함됩니다.

사람마다 가고 싶은 곳도, 하고 싶은 것도 제각각입니다. 부모는 너무 좋았지만 아이는 싫을 수 있습니다. 관심과 흥미, 취향이 모두 다르기 때문입니다. 그러면 모두를 만족시키는 최선의 방법은 무엇일까요? 바로 계획 하브루타입니다.

계획 하브루타를 하면 서로의 의견을 조율하며 계획을 세울 수 있습니다. 모두의 흥미와 요구가 반영되는 여행이 되겠지요.

자신이 계획하고 떠나는 여행은 어떠할까요?

더 즐겁고, 의미가 있습니다. 패키지여행과 배낭여행을 떠나는 것은 분명 다릅니다. 패키지여행은 편하지만 생동감 있는 여행이 되지는 않습니다. 반면 배낭여행은 고생스럽지만 모든 것이 살아있는 경험이 됩니다.

아이들도 마찬가지입니다. 스스로 계획하여 떠나는 여행은 그 자체로 의미가 있습니다. 또, 다른 사람들과 의견을 나누고 조율하며 계획을 세우는 경험은 아이들에게도 특별한 자산이 됩니다. 4차 산업혁명 시대에 꼭 필요한 협력과 문제 해결 능력을 기를 수 있습니다.

계획 하브루타는 여행을 하는 아이들에게 꼭 필요한 단계입니다. 그러나 대부분의 부모들이 소홀했던 단계이기도 합니다. 낯설게 느껴질 수도 있고 처음에는 잘 안 될 수도 있습니다.

첫 술에 배부를 리 없습니다. 그러나 제시해주는 방법에 따라 반복하다 보면 달라지는 아이들의 모습을 볼 수 있을 것입니다.

그러면 계획 하브루타의 방법을 함께 살펴보도록 하겠습니다.

첫째, 아이들과 함께 계획을 세웁니다.

여행지를 결정하였으면 여행지에 대한 다양한 정보를 함께 수집합니다. 인터넷도 좋고, 여행 서적, 동화책도 좋습니다. TV를 통한 여행프로그램을 함께 보는 것도 좋습니다.

다음으로 방의 한쪽 벽에 전지를 붙여놓습니다. 스케치북이나 노트를 활용해도 괜찮습니다. 사흘이나 일주일 정도 일정 기간을 정합니다. 그리고 기간 안에 각자 가보고 싶은 곳이나 하고 싶은 것, 먹고 싶은 음식 등을 포스트잇에 써서 붙이도록 합니다. 약속한 기간이 지나면 함께 작성한 포스트잇들을 보며 계획 하브루타를 합니다.

가고 싶은 곳
먹고 싶은 것

"형이 하고 싶은 것들은 무엇이니?"

"동생이 하고 싶은 것들은 무엇이니? 어떤 차이가 있니?"

"네가 꼭 가보고 싶은 것은 무엇이니?"

"네가 먹어보고 싶은 음식은 무엇이니?"

"마젤란 성당은 어떤 곳이니? 왜 그곳에 가보고 싶니?"

"여행 갈 때 무엇이 필요할까?"

"그곳의 날씨는 어떨까? 어떤 옷을 가져가야 할까?"

아이들과 함께 하브루타를 하면서 여행 계획을 세웁니다. 모두가 만족스런 일정이 되도록 가족만의 기준을 정합니다. 작성한 포스트잇을 같은 장소끼리 모아본 후, 가장 많은 사람이 가보고 싶은 곳을 정해도 됩니다. 또는 가족에 따라 나눈 뒤 각자 한 곳씩 정해 차례대로 가보아도 됩니다. 포스트잇에 적힌 내용을 보며 가족들끼리 자유롭게 계획을 세우면 됩니다.

아이들과 필리핀 여행을 가기 전 계획 하브루타를 하였습니다. 우리는 한 사람씩 가보고 싶은 곳을 차례대로 가보자고 의견을 모았습니다. 그리고 필리핀 세부시티, 남쪽 등 지리상 가까운 곳을 묶어서 가는 것으로 계획을 세웠습니다.

다음으로 여행 가기 전에 필요한 것과 준비해야 할 것들을 생각하여 함께 준비를 했습니다.

여행 하브루타에서는 부모가 일방적으로 아이들에게 희생하는 여행, 부모가 세운 계획에 아이들이 이끌려 다니는 여행 모두 권장하지 않습니다. 여행은 함께하는 모두가 즐거워야 진정한 가치가 있는 것이니까요.

둘째, 융통성 있는 계획이 좋습니다.

여행에서는 많은 변수가 생깁니다. 특히 아이들과의 여행은 더욱 그렇습니다. 갑자기 병이 날 수도 있고, 다칠 수도 있습니다. 또는 더운 날씨에 지칠 수도 있습니다. 그래서 아침 일찍부터 저녁까지 쉬지 않고 이동하는 여행은 추천하지 않습니다. 아이가 어릴수록 계획은 적어야 합니다.

여행지에 가서도 융통성 있게 조정할 수 있는 계획이 좋습니다. 그러기 위해서는 전 일정에 관광 예약을 모두 하는 것은 피해야 합니다. 만약 예약할 경우에는 환불, 연기와 관련된 사항을 미리 알아두는 것이 좋습니다.

저는 아침 일찍 움직여야 할 때는 전날 오후부터 여유 있게 시간을 보냅니다. 반대로 밤 늦게까지 일정이 있으면 다음 날 오전에는 다른 일정을 잡지 않습니다. 그리고 3일 중 하루는 아무 계획을 세우지 않습니다. 그런 날은 호텔에서 여유 있게 시간을 보냅니다. 또, 계획에는 없었지만 다운타운거리, 주변 시장같이 그곳 사람들의 삶이 느껴지는 곳을 찾아서 다녀오기도 합니다.

아무런 계획이 없는 날은 여행의 피로를 풀어주고, 여행지에서 새로운 경험을 해볼 수 있는 시간이 되어 좋습니다.

여행지에서는 상황에 따라 계획을 변경할 수 있어야 합니다. 예를 들어 날씨가 너무 더워 돌아다니기 겁이 날 때가 있습니다. 아이들을 억지로 데리고 가봤자 쉽게 지치고, 서로 짜증만 납니다. 그럴 땐, 과감히 계획을 수정하는 것이 현명합니다. 아이들과 시원하게 수영을 한다든지, 나무 그늘이 있는 숲이나, 예쁜 실내 까페를 가보는 것도 좋습니다.

갑자기 태풍이 오거나, 날씨가 안 좋은 경우도 있습니다. 이런 경우를 미리 알아보고 계획을 변경하거나, 대비할 수 있는 방법이 있습니다. 바로 windy.com입니다. 호핑 투어처럼 바다에 배를 타고 나가기 전에 자주 이용하는 사이트입니다. 10일 동안의 바람 세기와 파고, 날씨를 알 수 있습니다. 정확도가 높은 편이라 여행 계획을 세우거나, 변경할 때 유용합니다.

셋째, 계획에는 함께하는 사람에 대한 배려가 있어야 합니다.

여행은 사람에 따라, 장소에 따라, 날씨에 따라 다른 계획을 세워야 합니다. 특히 함께 떠나는 사람에 대한 배려는 꼭 필요합니다. 이는 여행에도 매우 큰 영향을 주기 때문입니다.

예를 들어 유모차를 끌고 가야 하는 아이가 있다면 유모차가 다니기 쉬운 곳을 여행지로 선택할 수 있습니다. 계단을 오르내리기 힘든 부모님과 여행을 한다면 계단이 많고 높은 곳은 피하는 것이 좋습니다. 음식에 대한 알러지가 있는 사람이 있다면 식당이나 음식의 종류도 배려하며 계획을 세워야 합니다.

만약 이런 배려 없이 여행을 계획했다면 어떨까요? 아마도 힘이 들고 지치는 여행이 될 것입니다. 서로 짜증이 날 수도 있습니다.

여행을 함께 한다는 것은 하나의 공동운명체가 된다는 뜻입니다. 배려가 없다면 결국은 모두가 즐거운 여행이 될 수 없습니다.

이때도 하브루타 하는 것이 효과적입니다.

엄마: 너희는 어떤 음식을 먹어보고 싶니?

큰아이: 전 해산물 요리가 먹고 싶어요.

엄마: 동생이 해산물을 못 먹는데 어떡하면 좋을까?

큰아이: 식당에 다른 음식이 있지 않을까요?

엄마: 그래? 그러면 다른 음식이 있는지 알아봐야 겠구나.

큰아이: 엄마, 현이가 게는 좋아하니까 게요리를 먹는 것은 어때요?

엄마: 그것도 좋은 생각이구나. 네 생각은 어때?

작은아이: 난 게요리 좋아하니까 좋아요.

큰아이: 그럼 현이도 좋아하는 게요리를 먹으러 가요.

아이들은 하브루타를 하면서 여행의 계획에도 배려가 필요함을 배웁니다. 이러한 계획이 여행에서도 자연스럽게 배려있는 행동으로 이어지는 것이지요.

이제껏 대부분의 부모들은 계획을 세울 때 아이들을 제외시키는 경우가 많았습니다. 아이들이 어려서 힘들 거라고 생각하거나, 의례히 어른들만의 일로 여겼기 때문입니다.

지금부터 아이들과 함께 계획을 세우고 준비해보십시오. 아이들에게 꼭 필요한 경험입니다. 계획을 세운다는 것은 여행의 동반자에서 주체자가 된다는 뜻입니다. 주체자가 되면 더 적극적으로 여행에 참여할 뿐 아니라, 더 선명하게 오랫동안 기억하게 됩니다.

가족과 함께 계획을 세우는 것도 큰 의미가 있습니다. 처음에는 자신만의 의견을 내세울 수도 있고, 서툴 수도 있습니다. 그러나 함께 의견을 조율하고, 배려하며 계획을 세우는 과정에서 '함께'라는 가치를 깨닫기 때문입니다.

과감히 여행 하브루타를 시도해보세요! 여행의 주체자에서 삶의 주체자로 성장하는 그날까지!

체험 하브루타 ✽ 오감으로 느끼고 질문으로 성장한다

드디어 여행이 시작되었습니다. 단 하룻밤 여행이라도 준비할 것은 많습니다. 교통편과 숙소를 예약하는 것에서부터 여행 정보 수집, 짐을 싸기까지 많은 시간을 투자해야 합니다. 어쩌면 그래서 여행이 더 달콤한지 모르겠습니다.

아이들도 떠나는 발걸음이 가볍습니다. 하브루타를 통해 여행에 대한 흥미와 호기심을 가득 장착했으니 더욱 즐겁습니다. 이제 마음껏 보고, 듣고, 만지며 오감을 통해 체험하면 됩니다. 물론, 여행 하브루타가 빠지면 안 되겠죠?

이번 단계는 체험 하브루타입니다. 여행지에서 아이들과 오감을 통해 체험하며 함께 대화를 나눕니다. 질문이 있는 대화로 여행을 사실적으로 이해하는 단계입니다.

체험 하브루타는 여행지에서 시간, 장소, 횟수에 상관없이 할 수 있습니다. 함께 전시회장을 돌아보면서도, 숲을 거닐 때도, 식사를 하러 식당에 가서도 할 수 있습니다. 정답이 있는 것도 아닙니다. 아이와 편하게 대화하는 마음으로 이야기 나누면 됩니다.

그러면 체험 하브루타에서는 어떤 질문을 해야 할까요?

처음에는 아이들이 쉽게 대답할 수 있는 질문이 좋습니다. 바로 오감을 자극하는 질문입니다. 영유아기의 아이들은 오감을 통해 환경을 탐험하게 됩니다. 오감을 통해 세상을 배우게 되는 것이지요.

여행은 오감을 발달시킬 수 있는 가장 좋은 배움터입니다. 여행을 하며 직접 예쁜 꽃을 구경하고, 산길을 걸어보고, 꽃향기를 맡으며 오감을 발달시킬 수 있습니다. 여기에 질문을 더하면 감각을 더 효과적으로 발달시킬 수 있습니다. 또 사물을 다양하게 관찰하며 종합적인 사고력을 기를 수 있도록 도와줍니다. 나아가 뇌 발달에도 영향을 줍니다.

다음은 여행지에서 망고를 보며 나누는 대화입니다. 질문을 통해 감각이 강화되고, 사고가 확장되는 과정을 살펴보도록 하겠습니다.

엄마: 망고는 무슨 색일까? (시각)

아이: 노란색이요.

엄마: 저 망고는 왜 초록색일까?

아이: 음… 아직 익지 않아서 그런 거 같아요. 바나나도 처음엔 초록색이 잖아요. (추리)

엄마: 맞아. 망고와 바나나처럼 초록색일 때 따서 익혀서 먹는 과일을 후숙 과일이라고 해.

아이: 후숙 과일이요?

엄마: 응. 망고는 어떤 향이 날까? 냄새를 맡아볼까? (후각)

아이: 달콤한 향이 나요.

엄마: 초록 망고도 향을 맡아볼까? 어느 망고가 더 달콤한 향이 나니?

아이: 초록 망고가 달콤한 향이 좀 덜 나는 거 같아요. (비교)

엄마: 망고를 만져보니 어떤 느낌이 드니? (촉각)

아이: 부드러워요. 매끈거리는 거 같기도 하고.

아이가 혼자서 망고를 관찰할 때와 어떤 차이가 있을까요?

이렇듯 질문은 다양한 감각을 이용하여 관찰하고 탐색하게 도와줍니다. 또 답을 하는 과정에서 예측, 비교, 추리를 하며 논리적, 분석적인 사고가 확장되는 것입니다.

다음은 여행지에서 오감을 자극하는 질문의 예입니다.

"저 탑은 무슨 색일까?" (시각)

"이 꽃은 어떤 냄새가 나니?" (후각)

"이 숲속에서는 어떤 소리가 들리니?" (청각)

"나뭇잎을 만져보니 어떤 느낌이 들어?" (촉각)

"망고는 무슨 맛이 나니?" (미각)

오감을 자극하는 질문과 마찬가지로 대답으로도 감각을 발달시킬 수 있습니다. 그러기 위해서 부모들이 다양한 언어의 모델이 되어주어야 합니다. 예를 들어 망고 맛을 본 아이가 '달다'라고 이야기를 한다면 부모는 '엄마는 처음에는 달콤한데 신맛도 있는 거 같아. 씨앗 부분은 좀 떫은맛도 나는 거 같아' 하며 다양한 어휘로 확장시켜 주는 것이지요.

하브루타를 통해 아이는 단맛뿐만 아니라 신맛, 떫은맛 등 좀 더 세분화된 감각을 알 수 있을 뿐만 아니라 어휘력, 표현력도 향상시킬 수 있습니다.

다음으로, 사실적 내용에 대한 질문을 합니다.

오감을 자극하는 질문은 색, 크기, 냄새, 촉감 등을 알기 위해 감각이 필요했습니다. 사실적 내용에 대한 질문은 인지적인 사고를 요구합니다. 내용, 수단, 관계, 과정, 공간 등 사실적 내용을 유추하는 질문이 해당됩니다. 육하원칙 중 '언제, 어디서, 무엇을, 누구와, 어떻게'로 질문할 수도 있습니다. 이러한 질문은 넓은 시야를 갖게 하며, 다양한 방법으로 사고하여 문제 해결 능력을 키우는데 도움이 됩니다.

사실적 내용에 관한 질문 예시입니다.

"이 성은 언제 만들었을까?" (언제)

"고래상어는 어디에서 살까?" (어디서)

"거북이는 무엇을 먹을까?" (무엇-종류)

"탑은 누가 만들었을까?" (누가)

"패들보드는 어떻게 타는 것이니?" (어떻게-방법)

"가장 오래된 그림은 무엇이니?" (무엇-비교)

"오름을 오르면서 가장 기억에 남는 것은 무엇이니?" (어디서-공간)

사실적 내용에 대한 질문에 꼭 정답을 맞춰야 하는 것은 아닙니다. 체험 하브루타에서는 자신의 생각을 자유롭게 이야기하고, 대화를 통해 알아가는 과정에 초점을 두어야 합니다. 지식을 아는 것보다 다양하게 사고하며 삶의 지혜를 쌓아가는 것이 중요하기 때문입니다.

질문의 정확한 답을 알고 싶은 경우는 부모와 함께 안내판을 찾아보거나 부모가 설명해주는 것도 좋습니다. 이때 아이의 흥미에 따라 설명을 해주되 너무 길어져 학습처럼 느껴지지 않게 주의해야 합니다. 투어 정보나 안내 책자를 이용하는 것도 좋은 방법입니다.

다음은 사실적 내용에 대한 질문을 통한 하브루타 예시입니다.

엄마: (태국 에메랄드 사원) 사원은 무엇을 하는 곳일까? (무엇-내용)

아이: 종교와 관련된 곳 같아요.

엄마: 어떤 종교와 관련된 곳일까? (무엇-관계)

아이: 음…힌두교요.

엄마: 왜 그렇게 생각해?

아이: 발리에서 봤던 힌두교 사원이랑 비슷한 거 같아요. 불상도 그렇고.

엄마: 진짜 힌두교 사원이랑 비슷한 부분이 있구나. 태국은 국민 대부분이 불교를 믿는 나라야.

아이: 아, 그럼 불교 사원이겠네요.

엄마: 응. 불교는 누구를 믿는 종교인지 아니?

아이: 부처님을 믿는 종교요.

엄마: 잘 알고 있구나. 그런데 이 사원은 누가 만들었을까? (누구)

아이: 왕이 만들었을 거 같아요.

엄마: 왜 그렇게 생각해?

아이: 왕궁 안에 있잖아요.

엄마: 그럼 이 사원을 만든 왕은 어떤 왕이었을까? (누구)

아이: 화려한 걸 좋아하는 왕이었을 거 같아요. 금으로 반짝반짝 빛나게 만들었잖아요.

엄마: 그럼, 금으로 황금불탑을 어떻게 만들었을까? (어떻게-방법)

아이: 금을 녹여서 만들지 않았을까요?

엄마: 우리 여기 안내지가 있는데 같이 살펴볼까?

아이: 네, 좋아요. (함께 안내지를 본다)

태국 방콕에 위치한 에메랄드 사원(태국 이름 왓 프라깨우)은 태국에서 가장 신성시하는 불교 사원입니다. 다른 사원과 달리 왕실에 속해있습니다. 에메랄드 사원은 왕궁 안에 있으며 돌담에 힌두교 신화를 묘사해 놓은 벽화가 있습니다. 종 모양의 황금탑에는 부처님 사리가 안치되어 있다고 합니다.

하브루타를 통해 아이는 에메랄드 사원이 불교 사원임을 알고, 자연스럽게 태국이 불교 국가임을 알게 되었습니다. 또한 왕실에서 만든 사원임도 추측하며 사고를 확장해나갔습니다.

'학이불사즉망, 사이불학즉태.'

공자가 말하기를 '배우기만 하고 생각하지 않으면 얻는 것이 없고, 생각하기만 하고 배우지 않으면 위태롭다'라고 했습니다.

지식만 많고 생각이 없다면 세상 물정에 어둡고 현실을 제대로 판단하기 힘듭니다. 반면에 생각만 하고 배우지 않으면 논리가 약해 설득력이 떨어집니다. 즉, 배우고 생각하여 현실에 적용할 수 있는 의미를 찾아 배움을 완성해야 한다는 뜻입니다.

그러면 배우고 생각하는 힘을 길러주는 교육 방법은 무엇일까요? 저는 여행 하브루타가 가장 효과적인 방법이라고 생각합니다.

아이들은 여행에서 오감으로 느끼고 체험하며 세상을 배웁니다. 이때 질문은 탐색한 내용을 여러 각도로 생각해보게 하고, 세상을 넓게 바라보게 해줍니다. 그 과정에서 사고력과 종합적인 판단 능력이 향상됩니다.

체험 하브루타는 배움과 생각이 함께 이루어집니다. 그래서 지식이 아닌 삶에 적용할 수 있는 지혜를 쌓는 기회가 됩니다. 아이들에게 체험 하브루타가 의미 있는 이유입니다.

아이들을 길 위로 데리고 나가 세상을 배울 기회를 주세요. 그리고 하브루타를 통해 여행의 배움을 완성해보시길 바랍니다.

심화 하브루타 ✿ 궁금증이 메타인지를 발달시킨다

능력보다 상황이다!

TV강연 '세상을 바꾸는 힘, 15분'에서 인지심리학자 김경일 교수님의 강연 내용이 무척 흥미로웠습니다. 이 강연의 주제는 메타인지였습니다. 메타인지란 자신이 아는 것과 모르는 것을 파악하는 능력입니다.

EBS '상위 0.1%의 비밀'에서 메타인지에 관한 재미있는 실험을 한 가지 소개하였습니다. 전국 모의고사 석차가 전국 0.1% 안에 들어가는 학생들과 평범한 학생들을 비교해보는 실험이었습니다. 서로 연관성 없는 단어를 정해진 시간 안에 보여주고 얼마나 기억할 수 있는지 확인하는 검사였습니다.

이때 검사 전 자신이 기억해 낼 수 있는 단어의 개수를 예상해보게 하였습니다. 그 결과 상위 0.1%의 학생들은 자신이 예상한 개수와 비슷한 반면, 평범한 학생들은 편차가 크게 나왔습니다.

여기서 재미있는 것은 아이들이 맞춘 단어의 개수는 두 그룹이 비슷했다는 점입니다. 기억력은 비슷하나 자신의 기억력을 파악하는 능력에서 차이가 난 것이지요. 이것이 바로 메타인지의 차이입니다. 이 실험을 통해 상위 0.1% 학생들은 공통적으로 메타인지가 높다는 사실을 발견했습니다.

방송 이후 많은 사람들이 메타인지에 관심을 가졌습니다. 저 또한 마찬가지입니다. 김경일 교수님은 메타인지는 목표가 있는 낯선 상황일 때 더욱 발달한다고 말합니다. 낯선 상황이 내 능력과 사고를 극대화시키는 힘이 있다는 것입니다.

또한, 다른 사람에게 설명을 할 때 발달한다고 합니다. 인지학자들은 세상에는 두 가지 지식이 있다고 말합니다. 알고 있는 것 같지만 설명할 수 없는 지식과, 말로 설명할 수 있는 지식입니다. 교수님은 다른 사람에게 설명할 수 있는 지식만이 진짜 지식이라고 말합니다. 자신이 알고 있는 것과 모르는 것을 명확히 구분하여 설명해줄 수 있을 때, 메타인지가 발달한다는 것이지요.

이 강연을 들으며 여행 하브루타야말로 메타인지를 기를 수 있는 최고의 교육이겠구나, 하며 여행 하브루타에 대해 더욱 확신하게 되었습니다. 여행을 하다보면 우리는 낯선 환경과 상황에 놓이게 됩니다. 그 모든 것이 새롭게 느껴지기도 하고, 궁금해지기도 합니다. 여행의 이러한 낯선 상황은 아이들의 호기심을 확장시키고, 메타인지를 발달시켜

줄 수 있는 기회가 되는 것입니다.

이번 단계는 심화 하브루타입니다.

심화 하브루타는 가정법(만약~라면)을 사용한 상상 질문, 옳고 그름과 관련된 가치 질문, 여행지에서 감추어진 이유와 감정을 유추하는 질문, 여행지에서 새롭게 알고 싶은 질문 등으로 여행을 통한 배움을 성찰하는 단계입니다.

체험 하브루타에서는 눈에 보이는 사실들을 질문하고 대화했다면, 심화 하브루타는 그 내면을 생각해보고 대화하는 것입니다. 쉽게 말해 체험 하브루타는 탑의 겉면 즉, 눈에 보이는 것을 질문하고 대화하는 단계였습니다.

"탑은 무슨 색일까?"

"탑은 어떤 모양이니?"

"탑은 무엇으로 만들어졌니?"

반면 심화 하브루타 단계에서는 눈에 보이는 것 외에 보이지 않는 것을 모두 포함한 질문들을 말합니다. 더 알아보고 싶은 것이나 상상해보고, 유추해볼 수 있는 질문 등이 해당됩니다.

예를 들어 보겠습니다.

"이 탑은 누가 만들었을까?" (상상 질문)

"여행자들이 탑 위에 이름을 새기는 것을 어떻게 생각해?" (가치 질문)

“탑을 만든 사람들은 왜 이런 무늬를 새겨 넣었을까?” (유추 질문)
“높은 탑을 만든 방법은 무엇일까?” (새롭게 알고 싶은 질문)

다음은 베트남 여행에서 아이들과 나눈 하브루타 내용입니다.

처음 베트남 나트랑 여행을 갔을 때, 거리를 가득 메운 오토바이 행렬은 그야말로 놀라웠습니다. 오토바이들은 마치 전장에 나가는 전투행렬 같았습니다. 나와 가족들은 이 처음 마주하는 광경에 입이 쩍 벌어졌습니다.

우리는 곧 주변을 둘러보며 당황했습니다. 길을 건너야 하는데 신호등이 없었기 때문입니다. 중앙선도 없어 보였습니다. 오토바이들은 중앙선을 넘나들었고, 자동차들은 신호와 오토바이에 상관없이 유턴을 했습니다. 끝도 없이 오토바이는 계속 밀려왔습니다.

우리는 한참 동안 길을 건너지 못했습니다. 그때 길을 건너는 현지인을 발견했습니다. 우리는 유심히 길을 건너는 현지인을 관찰했습니다. 어떤 특별한 신호나 방법이 있나 싶었는데 의외로 간단했습니다. 그냥 천천히 앞을 향해 걸어 나가는 것이었습니다. 그러면 오토바이들이 알아서 속도를 줄여 멈춰주었습니다. 건너는 사람도, 오토바이 운전자도 너무나 익숙해 보였습니다.

오토바이들이 달려오는 차도로 유유히 걸어 길을 건너는 사람. 그야말로 문화 충격이었습니다. 행여나 사고가 나지 않을까? 오토바이가 제

때 속도를 못 줄이면 어쩌지? 걱정이 됐지만, 현지인을 따라 무사히 길을 건너는데 성공을 했습니다.

아이들도 이런 베트남 풍경에 호기심이 생겼는지 저에게 질문했습니다.

작은아이: 베트남 사람들은 왜 이렇게 오토바이를 많이 타고 다녀요? (유추 질문)

엄마: 네 생각은 어때?

작은아이: 오토바이가 빨라서일 거 같아요. 오토바이는 좁은 길도 갈 수 있고, 요리조리 피해 갈 수도 있어서요.

큰아이: 자동차가 너무 비싸서 사람들이 못살 거 같아요.

엄마: 둘의 이야기가 다 맞는 거 같아. 베트남은 아직 좁은 도로가 많아서 큰 차보다는 오토바이가 편할 거 같거든. 그리고 자동차에 관세가 붙어 자동차는 아주 부자들만 살 수 있다고 하더라고.

큰아이: 그런데 베트남은 신호도 별로 없고, 사람들도 무단횡단 하는데 사고가 안 나는 게 신기해요.

엄마: 엄마도 참 신기했어. 너희들 생각에는 왜 사고가 안 나는 거 같아? (유추 질문)

큰아이: 베트남 사람들 운전 솜씨가 좋아서 그런 거 같아요.

작은아이: 난 안전하다고 생각하는 거 같아요.

엄마: 안전하다고 생각하는 건 어떤 의미일까? (가치 질문)

작은아이: 오토바이 타는 사람들은 자기가 멈추면 되니까 안전하다고 생각하고, 길을 건너는 사람은 조심스럽게 천천히 건너면 안전하다고 생각하는 거 같아요.

엄마: 서로를 믿는 것일 수도 있겠네. 교통신호가 아닌 서로가 안전하게 운전하고, 길을 건널 거라는 믿음이 있을 수도 있겠다.

큰아이: 신호를 보는 게 아니라 운전자는 길을 건너는 사람을 보고, 길을 건너는 사람은 운전자를 볼 수도 있을 거 같아요. 그래서 신호등이 필요 없는 거 같아요.

엄마: 베트남에 신호등이 많이 생기고, 사람들이 신호를 잘 지킨다면 어떨까? (상상 질문)

작은아이: 여행 온 사람들이 길을 더 쉽게 건널 수 있을 거 같아요.

큰아이: 베트남 사람들은 몇 살 때부터 오토바이를 탈까요? (새로 알고 싶은 질문)

엄마: 한번 같이 알아볼까? 50cc 이하의 오토바이는 만 16세 이상이면 면허가 없이도 탈 수 있다는구나. 50cc이상인 경우는 만 18세 이상에 면허가 반드시 필요하고.

큰아이: 우리나라도 만 16세 이상이면 면허 없이 탈 수 있나요? (새로 알고 싶은 질문)

엄마: 우리나라도 50cc 이하는 만 16세 이상 탈 수 있는데 반드시 면허가 있어야 한다네. 125cc 이상일 때는 만 18세 이상으로 운전면허가 꼭 필

요하다는구나.

심화 하브루타의 다양한 질문들로 아이들은 베트남의 오토바이 문화에 대해 생각해보는 시간이 되었습니다. 아이들이 하브루타를 하지 않았더라면 어떤 사실들을 인지했을까요?

① 베트남엔 오토바이가 많다.

② 베트남에서는 길을 건너기가 어렵다.

③ 베트남에는 신호가 별로 없다.

아이들은 기껏해야 2~3개의 사실을 인지했을 것입니다.

그러면 심화하브루타의 다양한 질문을 통해 어떻게 인지가 확장되었을까요?

① 베트남엔 오토바이가 많다.

베트남의 도로는 좁은 도로가 많아 오토바이가 편할 것이다.

경제적으로 자동차보다 오토바이가 효과적이다.

— 오토바이는 몇 살부터 탈까?

50cc는 만 16세 이상이면 무면허로 탈 수 있다.

50cc 이상은 만 18세 이상 면허를 취득해야 한다.

— 우리나라는 몇 살부터 탈 수 있을까?

50cc는 만 16세 이상이면 면허를 취득해야 한다.

125cc 이상은 만 18세 이상 면허를 취득해야 한다.

② 베트남에서는 길을 건너기가 어렵다.

신호가 생기면 여행자들도 보행이 쉬워질 것이다.

③ 베트남에는 신호가 별로 없다.

그럼에도 사고가 잘 나지 않는다.

- 베트남 사람들은 오토바이 운전을 잘한다.

- 교통신호 대신 운전자와 보행자의 신호를 확인한다.

심화 하브루타를 통해 아이들이 인지한 내용이 3가지에서 10가지 이상으로 확장되었음을 알 수 있습니다. 이처럼 심화 하브루타를 통해 같은 경험에서도 더 깊고 폭넓은 생각을 유도할 수 있습니다. 낯선 상황에서 우리의 뇌는 불편함을 느끼기 때문입니다. 뇌가 불편할 때 호기심을 느끼고, 문제 상황을 해결하기 위해 메타인지를 사용하는 것이죠.

어떤 목표를 가지고 낯선 상황 안에 머물게 하는 데 여행만큼 좋은 것은 없습니다. 친숙함을 버리고 낯설음을 찾아 떠나는 것이 바로 여행이기 때문입니다.

그 낯설음 속에서 우리는 더 많은 것을 찾아낼 수 있습니다. 익숙해서 지나쳤던 것들까지 말이죠. 그래서 아이들의 여행은 더욱 가치가 있습니다.

꼭 기억하십시오. 물론, 그 경험을 극대화시키기 위한 최고의 방법은 여행 하브루타라는 사실 또한 잊지 않으시길 바랍니다!

소감 하브루타 ✽
여행은 끝나도 여행 하브루타는 계속된다

여행이 끝나갈 무렵부터 아쉬움이 밀려옵니다. 기분까지 맑아지는 푸른 하늘, 끝이 보일 것 같은 깨끗한 바다, 이국적인 거리 풍경들. 어느 것 하나 두고 돌아가기 싫어집니다. 하룻밤만 더 있으면 좋겠다는 말이 절로 나옵니다.

아쉬움이 절정에 이르면 여행을 마무리해야 할 때입니다. 여행이 남긴 여운과 의미들을 되새겨 보는 시간을 갖는 것이지요.

이때 나누는 질문과 대화를 소감 하브루타라고 합니다. 여행을 마치며 느낀 감정과 생각, 영향, 교훈, 의미 등을 정리하는 질문으로 여행을 마무리하는 단계입니다.

소감 하브루타는 책을 읽은 후 쓰는 독후감과 같습니다. 독후감을 쓰는 것과 안 쓰는 것은 차이가 큽니다. 어떤 차이가 있을까요?

독후감을 쓰면 먼저, 책의 내용을 생각하며 정리할 수 있습니다. 다음은 책이 주는 의미를 되새겨 보며 구체화시킬 수 있습니다. 그리고 더 오래 기억할 수도 있겠죠. 반면에 독후감을 쓰지 않으면 쉽게 잊혀질 수 있습니다.

여행도 마찬가지입니다. 여행이 끝나고 소감을 말하는 기회가 없다면, 금세 잊혀지기 쉽습니다.

말한다는 것은 어떤 내용을 정확히 이해하고, 생각을 정리하여 표현할 수 있다는 것입니다. 내용이나 의미를 이해하지 못하거나, 생각이 정리 되지 않았을 때는 말로 표현하는 것이 어렵습니다.

소감 하브루타는 여행이 주는 의미를 되새겨 보며, 그 의미를 구체화시키는 데 도움을 줍니다. 여행의 추억들을 정리하여, 더 오랜 시간 기억할 수 있게 합니다. 또, 여행의 계획과 과정을 살펴보며 다음 여행에 반영할 수 있으니 더 나은 여행이 될 수 있도록 합니다.

이러한 소감 하브루타는 여행의 가치를 극대화시키는 역할을 합니다. 같은 여행이라도 소감 하브루타를 하면 아이들에게 여행의 가치를 더 높여 줄 수 있겠죠.

소감 하브루타를 나누는 방법은 여러 가지가 있습니다.

먼저 여행 후 다양한 생각과 느낌을 질문과 대화로 나눌 수 있습니다. 여행 일기, 그림, 여행 보고서처럼 다양한 방법으로 표현해볼 수 있습니다. 여행에서 찍은 사진을 보며 함께 이야기를 나누는 것도 좋습니다. 여러 방법 중에 좋은 것을 선택하시면 됩니다.

부여야, 안녕! 춘천아, 안녕

오늘은 부여의 마지막 날. 슬프지만 기쁘다.

끝은 마지막이자 새로운 시작

부여의 입장에선 끝이지만 춘천의 입장에선 시작.

오늘은 어떤 하루가 날 기다릴까?

큰아이의 초등학교 3학년 때 일기입니다. 여행을 마치는 아쉬움과 새로운 여행이 시작되는 설레임이 잘 담겨져 있습니다. 이 글을 읽고 나서 아이와 나눈 하브루타는 참 인상 깊었습니다.

"너에게 끝이 아니고 새롭게 시작하는 건 또 뭐가 있을까?"

여행의 경험이 많은 아이는 여행을 통해 끝이 새로운 시작이라는 가치를 깨닫고 이렇게 말했습니다.

"3학년이 끝이 나면 4학년이 시작돼요. 4학년이 끝나면 5학년이 시작되고요. 3학년은 끝이 나지만 전부 끝나는 게 아니에요. 새롭게 시작하면 되니까요."

3학년 아이와 나눈 대화에 감동을 받았던 기억이 납니다. 그리고 아이는 실제로 변화했습니다.

정이 많아 학년이 바뀔 때마다 힘들어하던 아이였습니다. 눈물을 흘리기도 하고, 친구들을 그리워하는 마음에 새로운 친구들과도 어울리기를 거부했었습니다. 그런데 소감 하브루타를 나눈 뒤 4학년에 올라가면서 서운해 했지만 울지는 않았습니다. 새로운 친구를 사귀는 것을 거부하지 않고 설레여하기 시작했습니다.

괜찮냐고 물어보는 엄마에게 자신이 했던 말을 하며 설레인다고 말했습니다. 소감 하브루타를 나누며 아이 마음속에 의미를 되새겨 넣었던 것입니다. 소감 하브루타가 중요한 이유입니다.

소감 하브루타는 어떤 질문으로 나눠볼 수 있을까요?

정답은 없습니다. 생각나는 대로 자유롭게 하면 됩니다. 한 가지 질문만으로 대화를 나누어도 충분합니다. 그러나 막상 질문을 하려면 어렵습니다.

"이번 여행 어땠어?"

"좋았어요."

"어떤 게 가장 좋았어?"

"다 좋았어요."

"……."

위 소감 하브루타가 어떻게 느껴지시는지요?

평범한 부모와 자녀들의 대화입니다. 여행 하브루타에 익숙하지 않은 부모들은 좋았는지, 어땠는지 물어보고나면 더 이상 질문이 생각나지 않습니다. 여행 하브루타에 익숙하지 않은 아이들도 할 말이 없긴 마찬가지입니다.

처음엔 저도 그랬습니다. 그래서 소감 하브루타로 나눌 수 있는 질문들을 생각해보고, 직접 여행하며 아이들과 나눠보았습니다. 그 경험을 토대로 여러분의 이해를 돕고자 크게 두 가지 유형으로 나눠 질문을 소개해드리겠습니다.

첫째, '여행 계획에 맞는 여행이 되었는가'에 해당하는 질문입니다.

여행을 떠나며 세웠던 계획이 잘 이루어졌는지 생각해보며 나누는 질문입니다. 여행은 계획대로 이루어지지만은 않습니다. 꼭 계획대로 움직일 필요도 없습니다. 그것이 여행의 묘미이기도 하지요.

하지만 아이들과 계획한 것을 함께 되짚어 보는 것은 중요합니다. 계획에서 어느 부분이 좋았는지, 어느 부분을 보완해야 하는지 생각해보며 다음 여행의 방향을 잡을 수 있기 때문입니다.

예를 들어, 다양한 인도 음식을 맛보는 계획을 세운 여행이었습니다.

엄마: 인도 음식을 먹어보고 싶어 했는데 먹어보니 어땠니?

아이: 전 향 때문에 못 먹는 음식이 많아 힘들었어요.

엄마: 맞아. 많이 못 먹을 때가 많았지. 음식 때문에 고생을 덜 하는 방법은 없었을까?

아이: 인도 음식을 좀 더 알아보고 왔으면 좋았을 거 같아요. 컵라면 같은 한국 음식을 좀 더 가지고 왔음 더 좋았을 거 같구요.

엄마: 그것도 좋은 방법이구나.

아이는 인도 음식을 다양하게 먹어보는 계획을 세웠지만 막상 향이 강해 잘 먹지 못했습니다. 소감 하브루타를 하며 음식으로 고생을 덜 하는 방법을 질문해보았습니다. 이 과정에서 아이는 해결 방법을 스스로 생각하였습니다. 다음 여행에 반영시킬 수도 있겠지요.

이 과정을 반복하면서 아이는 여행의 시행착오를 줄여, 자신의 요구에 맞는 여행 계획을 세울 수 있을 것입니다.

질문의 예를 살펴보겠습니다.

"가장 기억에 남는 곳은 어디이니? 왜 그곳이 기억이 나니?"

"더 가보고 싶었던 곳은 어디니?"

"가장 맛있었던 음식은 무엇이니?"

"다음 여행에서는 어떤 음식을 먹어보고 싶니?"

"가족과 함께 여행을 한 소감이 어떠니?"

"우리가 세운 계획대로 여행이 이루어졌니?"

"계획대로 했더니 좋았던 점/ 불편했던 점은 무엇이니?"

"묵었던 숙소는 가격이 적절했니?"

"숙소에서 가장 좋았던 점은 무엇이니?"

"숙소에서 가장 불편했던 점은 무엇이니?"

"식당에 별을 준다면 몇 개를 주고 싶니? 왜 그렇게 생각하니?"

"기차를 이용했던 것은 어땠니?"

"더 편한 교통편은 무엇이 있을까?"

둘째, '여행에 어떤 가치가 있었는가'에 해당하는 질문입니다.

여행의 가치란 여행에서 필요한 욕구를 충족시키는 모든 것입니다. 정신적, 육체적, 감정적, 물질적인 것들이 모두 포함됩니다. 우리는 여행을 통해 많은 경험을 합니다. 그 경험들 속에서 나에게 좋은 것들을 찾고 의미를 되새겨 보며 가치를 찾게 되지요.

그러나 어린아이들이 여행의 가치를 찾는 것은 쉽지 않습니다. 그래서 소감 하브루타 하는 것이 매우 의미 있습니다. 소감 하브루타를 통해 자신의 생각과 느낌을 정리하며 여행이 주는 의미를 찾아볼 수 있기 때문입니다.

여행의 가치를 찾으면 여행을 적극적으로 즐길 수 있게 됩니다, 또 일상생활과 연결되어 생활태도에도 긍정적인 변화를 가지고 옵니다. 그래서 여행의 가치를 찾아주는 것이 중요합니다.

다음 예를 통해 아이가 찾은 가치가 무엇인지 살펴보겠습니다.

엄마: 이번 여행에서 언제 가장 행복했었니?

아이: 전 가족들이랑 함께 수영하는 게 좋았어요.

엄마: 그렇구나. 왜 그때가 가장 좋았니?

아이: 평상시에는 가족이랑 함께 수영할 기회가 없잖아요. 가족과 함께 무엇을 같이 할 수 있는 게 좋았던 거 같아요.

엄마: 가족이랑 함께 하는 시간이 소중한 거구나.

아이: 네. 가족이랑 함께해서 행복했어요.

아이가 찾은 여행의 가치는 무엇이었나요? 가족과 함께하는 행복입니다. 아이는 여행을 하며 가족과 함께하는 시간에 행복을 느꼈습니다. 그리고 소감 하브루타를 통해 가족과 함께하는 행복이 자신에게 가장 큰 가치임을 깨달았습니다.

소감 하브루타를 나눈 아이와 엄마에게는 어떤 변화가 생길까요?

아마도 여행이 끝난 일상에서도 가족과 함께하는 시간을 만들기 위해 노력할 것입니다. 또, 아이는 가족을 소중히 여기는 마음과 태도를 가지고 성장할 것입니다. 소감 하브루타를 통해 삶의 가치를 찾게 된 것이지요.

그러면 질문의 예를 살펴보겠습니다.

"이번 여행을 한 문장으로 말한다면?"

“여행에서 언제 가장 행복했었니?”

“가장 인상 깊었던 순간은 언제였니?”

“여행에서 받은 선물이 있다면 무엇이니?”

“여행을 하며 든 생각이 있다면 무엇이니?”

“여행에서 달라진 생각이 있니?”

“오래 기억하고 싶은 마음이 있다면 무엇이니?”

이제까지 여행 하브루타 모형을 차례대로 살펴보았습니다.

여행 하브루타에는 답이 없습니다.

여러분과 자녀가 함께 질문하고 이야기 나누는 것이 바로 답입니다. 저자가 제시한 것은 여행 하브루타를 안내하는 지도일 뿐입니다. 직접 어떤 길로 갈 것인지를 선택하는 것은 여러분의 몫입니다.

순서와 예시 질문을 외워서 질문하려면 어렵습니다. 상황에 맞게 융통성 있게 질문하는 것이 쉽고 자연스럽습니다. 그러기 위해서는 앞에서 말한 것처럼 훈련이 조금 필요합니다.

먼저 각 단계별로 아이에게 할 수 있는 질문을 직접 만들어 보세요. 직접 종이에 써보는 것이 효과적입니다. 질문 훈련이 끝났다면 과감하게 여행 하브루타를 시작해보세요! 박물관도 좋고 동네 숲, 시장도 좋습니다. 장소는 어디든 상관없습니다.

가장 중요한 것은 아이와 함께 즐겁게 여행하며 즐겁게 대화하는 마음입니다. 한 번, 두 번 서툴지만 반복하다 보면 어느새 여행 하브루타 전문가가 되실 거라 믿습니다.

자, 준비 되셨나요? 여행 하브루타의 다음 주인공은 바로 여러분입니다. 레츠 고!

Chapter 3

아이는 경험으로 느끼고 질문으로 성장한다

생각을 바꾸면 즐거움이 된다

여행은 항상 계획대로 되지만은 않습니다. 그러기에 여행은 더 많은 의미를 갖습니다.

필리핀 세부 여행 때의 일입니다. 필리핀에 온 김에 근처 유명한 섬들을 돌아보고 싶어 아이들에게 보홀섬에 가자고 제안을 했습니다. 커다랗고 동그란 눈을 가진 안경원숭이와 키세스 초콜릿 모양을 닮은 초콜릿 힐 사진을 보여주었습니다.

"여기는 보홀이야. 엄마는 여기 가보고 싶은데 너희들 생각은 어때?"

"우와. 원숭이 너무 귀엽다. 가보고 싶어요!"

아이들이 흥미를 보이자 바로 호텔을 알아보았습니다. 마음에 쏙 드는 호텔은 아니었지만 다행히 예약할 수 있었습니다. 미리 예약을 하고 오지 않은 것이 잠시 후회도 됐지만, 그래도 보홀에 갈 수 있다니 금세 설레기 시작했습니다.

그러나 그 설레임은 오래 가지 못해 걱정으로 바뀌었습니다. 날씨를 미처 생각지 못한 것이었습니다. 필리핀에 태풍이 발생한 것이지요. 태풍 하나만 해도 걱정이었는데 자고 일어나니 두 개가 더 생겨 세 개의 태풍이 필리핀 바다를 점령해버렸습니다.

보홀로 들어가는 배편이며 스노클링 투어들이 줄줄이 취소되기 시작했습니다. 우리는 오션젯이라는 여객선을 예약했었는데 며칠 동안 오션젯 결항 소식이 계속되었습니다. 취소를 해야 하나 고민이 되어 아이들에게 물었습니다.

"얘들아, 태풍이 와서 지금 보홀 가는 배편이 모두 취소되었는데 우리 여행을 미리 취소해야 할까? 어쩌면 좋겠니?"

큰아이가 말했습니다.

"우리가 보홀 갈 때면 태풍이 지나갈 수도 있지 않을까요? 그냥 포기하기엔 아깝잖아요."

오랜 여행의 경험 덕분인지 아이들은 쉽게 포기하지 않고 조금 더 기다려보자고 했습니다.

드디어 보홀에 가기로 한 날이 되었습니다. 우리의 간절한 기도가 통했는지 태풍이 일본 쪽으로 올라갔고, 전날까지 수시로 결항 되었던 배편이 정상 운행을 시작하였습니다. 이렇게 감사할 수가.

그런데 감사하는 마음도 잠시. 항구로 가는 택시를 탔는데 교통상황이 심상치 않았습니다. 그래도 한 시간 정도 걸리는 거리를 두 시간 전에 출발했으니까 늦지는 않겠지 하고 안심을 했습니다. 그런데 차의 속도가 점점 줄더니 급기야는 멈춰서 꼼짝을 하지 않는 것입니다.

"무슨 일이예요? 왜 이리 교통체증이 심해요?"

택시기사에게 물었습니다.

"오늘 세부 시티에 거리 행진이 있어 거리 통제가 있어요."

택시기사도 거리 행진을 생각 못했었는지 난처한 표정을 지었습니다. 거리 통제라니! 마른 하늘에 날벼락이었습니다. 택시는 멈추었는데 시계는 잘도 갔습니다. 시간을 보는 마음이 점점 타들어 갔습니다.

택시기사가 초조해하는 저에게 배 시간을 물어보았습니다. 고맙게도 배 시간을 맞춰보겠다며 차를 돌려 골목골목으로 빠져나갔습니다. 잘하면 시간을 맞출 수 있겠다는 희망이 생겼습니다.

조금 속도를 내나 싶더니 갑자기 퍽! 소리가 났습니다. 접촉사고가 난 것입니다. 기사가 차에서 내렸습니다. 눈앞이 깜깜해졌습니다.

다치지 않은 것은 천만다행이었지만 '이제 완전히 놓쳤구나'하는 생각에 맥이 풀렸습니다. 그런데 예상과는 달리 상대 운전자에게 얼마의 돈을 건네받은 택시기사가 바로 돌아오는 것이었습니다.

"괜찮아요?"

"아무 문제 없어요. 해결했어요."

필리핀 사람들은 교통사고 해결이 참 신속했습니다. 실제로 사고가 나도 경찰을 부르는 일은 거의 없다고 합니다. 여하튼 기사님의 신속한 사고 처리 덕분에 우리는 배 시간에 맞춰 겨우 항구에 도착할 수 있었습니다. 물론 무거운 가방을 각자 나눠 들고 엄청 뛰어야 했지만요.

도착의 기쁨도 잠시, 파도가 높아 배가 지연되어 우리는 2시간 넘게 대기실에서 기다려야 했습니다. 이럴 줄 알았으면 뛰어오지 않았을 텐데……. 억울한 마음이 살짝 들었습니다. 그러나 지연 시간이 길어질수록 배가 출항하지 못할까 하는 걱정으로 바뀌었습니다.

오랜 기다림 끝에 배가 겨우 출항하여 보홀에 도착했습니다. 예상 도착 시간보다 훨씬 늦은 시간이었습니다. 우리는 배에서 내려 허기진 배를 채우러 택시를 타고 바로 보홀의 맛집으로 향했습니다. 배 시간이 늦어진 탓에 점심 겸 저녁을 먹어야 했습니다.

분명 맛집이라고 찾아갔는데 식당에 휑하니 손님이 없었습니다. 브레이크 타임이었습니다. 할 수 없이 우리는 다시 택시를 타고 호텔로 이동해 체크인을 한 뒤 피자와 파스타를 시켜 식사를 했습니다. 식사를 하니 6시가 다 되었습니다.

큰아이: 엄마, 오늘은 수영하다가 저녁 먹고 마사지 받는다고 했지요? 지금 밥 먹고 수영해도 되요?

엄마: 지금 시간이 늦어져서 수영하고 씻고 그러면 시간이 촉박할 거 같은데. 어쩌지?

큰아이: 그럼, 지금 마사지 가요.

보홀의 마사지가 유명하다고 해서 아이들에게 특별히 양해를 구하고 마사지 예약을 해둔 참이었습니다.

엄마: 저녁 식사하고 마사지 받으려고 8시에 예약을 해놓았는데 변경이 안 된다고 하네. 한 시간 삼십 분 동안 무얼 하면 좋을까?

큰아이: 전 지금 밥 먹어서 또 저녁은 못 먹을 거 같아요. 그냥 좀 방에서 쉬어요.

아이들 뜻대로 호텔방에서 잠시 쉬다가 예약한 마사지를 받으러 갔습니다. 마사지를 받고 나오니 9시가 훌쩍 넘었습니다. 배고프다는 아이들에게 미안한 마음이 들어 서둘러 식당을 찾았습니다. 그런데 찾아가는 식당마다 주문이 마감되었다고 합니다. 관광지라 당연히 늦은 시간까지 장사를 할 줄 알았는데 보홀은 10시 전에 대부분의 식당들이 문을 닫았습니다.

할 수 없이 우리는 편의점에 가서 사발면을 사 먹었습니다. 보홀에 오는 동안 힘들다고 투정 부릴 만도 한데 힘들다는 말 한 마디 안 하고 따라다니는 아이들이 고맙고, 미안하게 느껴졌습니다. 사발면을 먹으며 아이들과 하브루타를 해 보았습니다.

엄마: 애들아, 오늘 하루 어땠어?

큰아이: 오늘? 좀 재미있었어요.

엄마: 재미? 어떤 게 재미있었는데?

하루 종일 고생만 한 것 같은데 재미있다고 말하는 이유가 궁금했습니다.

큰아이: 이렇게 밤에 편의점 와서 사발면 먹잖아요. 한국에서는 이렇게 밤 늦은 시간에 돌아다닌 적이 없잖아요. 편의점에서 엄마랑 사발면 먹은 적도 없고요.

작은아이: 나도 엄마랑 편의점에서 사발면 먹어서 넘 좋아요. 최고야!

라면을 좋아하는 작은아이도 신이 나서 이야기했습니다.

엄마: 아, 사발면 먹는 게 좋구나. 엄마는 편의점에서 사발면 사 먹여서 좀 미안한데?

작은아이: 엄마. 난 세상에서 라면이 제일 맛있어. 지금 기분 최고야!

작은아이는 라면 먹은 것으로 모든 고생을 잊은 듯했습니다.

큰아이: 괜찮아요, 엄마. 이것도 좋아요.

사발면도 좋다는 아이들의 대답에 내내 미안했던 마음이 조금 편안해졌습니다.

엄마: 너희들은 계획한 일이 제대로 되지 않을 땐 어떨 거 같아?

큰아이: 음… 전 속상할 거 같아요.

작은아이: 난 슬플 거 같아요.

엄마: 속상하고 슬플 거 같구나. 그런데 오늘 계획대로 된 게 별로 없었잖아. 차가 막혀 배 시간도 늦고, 배도 지연되고, 식당에서 밥도 못 먹고 말이야. 그럼, 우리 아들들 오늘 속상하고, 엄청 슬펐겠네?

작은아이: 아니요. 괜찮았는데요.

엄마: 그래? 계획대로 안 됐는데 진짜 괜찮았어?

큰아이: 택시가 늦었는데 배도 늦어 탈 수 있었잖아요. 보홀에도 잘 왔고.

엄마: 그런데 오늘 계획은 수영도 하고 맛집도 가는 거였는데 모두 못했잖아.

큰아이: 대신에 이렇게 엄마랑 밤 늦었는데 편의점에서 사발면 먹어서 좋은데요.

작은아이: 계획대로 안 돼도 나도 슬프지 않아요. 모두 좋아요.

엄마: 그래? 다행이다. 엄마도 너희처럼 모두 좋아. 오히려 좋은 추억을 만든 거 같은데?

작은아이: 맞아. 맞아. 정말 좋은 추억 같아요.

우리는 서로를 보며 웃음 지었습니다.

아이들은 보홀 여행에서 계획대로 되지 않았지만 속상하거나 슬프지 않다는 것을 느꼈습니다. 여행에서 만난 고난이나 고생에 짜증을 내거나 화내며 부정적으로 인식하지도 않았습니다. 대신에 또 다른 선택이 주는 즐거움을 경험하며 긍정적으로 생각하는 법을 배웠습니다.

긍정적인 사고는 아이를 건강하게 만들고 삶을 변화시킵니다.

긍정적인 사고는 부정적인 상황이나 역경, 고난을 이겨내고, 자신의 단점을 장점으로 승화시키는 힘이 되기 때문입니다. 실제로 긍정적인 사고를 하면 도파민, 세라토닌, 엔도르핀, 다이돌핀과 같은 호르몬이 우리 몸에 분비되어 마음을 편안하고 즐겁게 해준다고 합니다. 그리고 면역력까지 높여준다고 합니다. 긍정적인 사고를 하면 몸과 마음이 건강한 사람이 되는 것이지요. 건강한 몸과 마음은 나아가 즐거운 삶을 살아갈 수 있게 하는 원동력이 됩니다.

긍정의 힘으로 세상을 변화시킨 토마스 A. 에디슨은 말했습니다.

'어떤 것이 당신의 계획대로 되지 않는다고 해서 그것이 불필요한 것은 아니다.'

여행은 항상 즐거움만을 주지는 않습니다. 길을 헤멜 때도 있고, 때론 어려운 상황에 놓이기도 합니다.

힘들고 지칠 수 있는 경험일지라도 아이들 인생에 불필요한 것은 아닙니다. 그 경험을 통해서 아이들은 성장할 수 있기 때문입니다. 그래서 여행은 그 자체로 배움의 터전이 됩니다. 생각을 바꾸면 고생도 즐거움이 되는 법입니다.

체험 하브루타 질문 예시

○ 보홀에는 어떤 식당들이 있었니? 식당은 몇시에 문을 닫았을까?

○ 배에서 바라보는 풍경은 어땠니?

○ 우리가 여행을 하며 만난 사람들은 누가 있었을까?

심화 하브루타 질문 예시

○ 가고 싶은 식당이 문을 닫았을 때 어떻게 했었니?

○ 만약 배를 놓쳤다면 어떻게 해결 할 수 있을까?

○ 네가 가지고 있는 계획(놀이, 학업, 꿈 등)은 무엇이 있니?

○ 상황에 따라 계획을 바꾸면 어떤 점이 좋을까?

소감 하브루타 질문 예시

○ 계획대로 안 됐을 때 어떤 마음이 들었니?

○ 차가 밀려 배 시간이 늦었을 때 어떤 마음이 들었니?

○ 사발면을 먹을 때 어떤 생각이 들었니?

질문을 만들어 보세요!

○

○

○

특별한 선택과 행동이 여행을 이끈다

여행은 아이들의 주도성을 키울 수 있는 좋은 텃밭이 됩니다. 계획하면서부터, 그리고 여행하는 동안 직접 선택하고 실행해 볼 수 있는 기회가 많기 때문입니다. 여행의 다양한 상황 속에서 스스로 선택하고 이끌어가는 경험은 아이들에게 성취감과 즐거움을 줍니다. 이 성취감과 즐거움이 반복될수록 아이들은 주도적으로 여행을 이끌어가게 되지요.

엄마: 오늘 저녁은 무엇을 먹을까?

큰아이: 어떤 것이 있어요?

엄마: 찾아보니 해물 요리와 베트남 전통 음식 식당이 있네.

큰아이: 베트남 전통 음식은 어떤 게 있어요?

엄마: 쌀국수도 있고, 반쎄오라고 우리나라 부침개랑 비슷한 음식이 있어.

큰아이: 그러면 전 반쎄오 먹어볼래요. 우리나라 부침개 좋아하니까 맛

있을 거 같아요.

아이들은 자신들이 고른 메뉴에 더욱 관심을 가지며 맛있게 먹습니다.

큰아이: 반쎄오가 바삭한 게 정말 맛있어요.

아이들은 식사를 하며 자신이 선택한 음식의 맛, 향, 재료들에 대해 많은 이야기를 합니다.

큰아이: 엄마는 반쎄오 어때요?

엄마: 우리 큰아들이 고른 음식이라 그런가, 너무 맛있네!

아이는 자신이 선택한 음식을 가족이 맛있게 먹는 모습을 보며 뿌듯한 듯 웃습니다. 부모의 긍정적인 반응에 더욱 자신감이 생겼는지 다음 식사 메뉴도 고르고 싶다고 말합니다.

대부분의 부모들은 여행을 계획할 때부터 바쁩니다. 호텔, 식사, 여행지 조사부터 예약까지 모두 부모의 몫이기 때문입니다. 저 또한 그렇게 하는 것이 당연히 부모의 역할이라고 생각했습니다. 부모가 많은 정보를 수집하고, 계획을 세워야 내 아이들이 고생하지 않고, 즐거운 여행을 할 수 있다고 믿었기 때문입니다.

실제로 저의 정보 수집 덕분에 아이들이 좀 더 편리한 서비스를 이용한 적도 있습니다. 그러나 큰아이가 초등학생이 되면서 과감히 선택의 기회를 양보하기 시작했습니다. 아이들이 보다 주도적으로 여행을 이끌어가기를 바랬기 때문입니다. 그래서 여행의 선택 사항들을 하브루타 하며 아이들과 함께 결정했습니다.

처음부터 잘 될 리가 없습니다. 그래서 처음엔 질문을 했습니다. 그리고 아이들에게 몇 가지를 제시해주고 선택을 하도록 했지요.

엄마: 저녁에는 어떤 것이 먹고 싶니?

엄마: 오늘은 어디를 가볼까?

엄마: 너희는 무엇을 하고 싶니?

부모의 질문에 정보가 없는 아이들은 자연스럽게 다시 질문을 합니다.

아이: 어떤 식당이 있어요?

아이: 이곳에는 어떤 장소가 있어요?

아이: 무엇을 할 수 있어요?

부모가 이끄는대로 따라다니던 아이들은 질문을 하면서 여행에 관심을 갖기 시작합니다. 더 적극적으로 여행에 참여할 마음이 생겼다는 뜻이기도 합니다.

부모 입장에서는 이 과정이 불필요하거나 귀찮게 느껴질 수 있습니다. 부모 혼자 결정하면 오히려 간단하기 때문입니다. 그러나 아이들에게 이러한 경험은 굉장히 의미가 있습니다. 애써 만들어줘야 할 만큼 중요한 경험이지요. 왜냐하면 아이들은 자신이 원하는 것을 선택하며 주도성을 키워나가기 때문입니다.

주도성이란 삶의 주인공이 되어 적극적으로 삶을 이끌어가는 태도입니다. 4차 산업혁명 시대를 살아갈 우리 아이들에게 꼭 필요한 태도인 것입니다.

주도성을 효과적으로 기르는 방법 중 하나가 선택의 경험입니다.

선택을 하려면 자신이 무엇을 원하는지를 먼저 파악을 해야 합니다. 그리고 어떤 것이 좋은지 비교, 분석해서 스스로 판단해야 하지요. 어릴 때부터 경험해보지 않는다면 결코 쉬운 일이 아닙니다.

어른들 중에서도 선택을 잘 못 하는 사람들이 많습니다. 요즘은 이런 사람들을 결정장애가 있다고 합니다. 이러한 결정장애는 여러 원인이 있지만 부모의 양육태도와도 관계가 있습니다. 과잉보호를 하며 부모가 모든 것을 결정해 준 사람, 혹은 반대로 권위적인 부모의 뜻대로만 자란 사람입니다.

두 가지 경우 모두 어릴 때 선택의 경험이 없다는 것이 공통됩니다. 이러한 사람은 자신의 삶을 다른 사람의 결정에 의존하며 살아갑니다. 선택의 기회를 많이 가질수록 아이들은 주도적으로 자신의 삶을 이끌어갑니다. 선택의 경험이 중요한 까닭입니다.

여행에서도 마찬가지입니다. 실제로 아이들에게 가고 싶은 곳, 식당, 메뉴 등을 하브루타하며 선택하는 기회를 주었더니, 아이들이 먼저 제안을 하며 점차 주도적으로 여행을 이끌어가기 시작했습니다. 놀라운 변화는 베트남 달랏으로 가족 여행 갔을 때 나타났습니다.

달랏은 베트남 남쪽 1,500m 높이의 고원에 위치한 도시입니다. 프랑스 식민지 시절, 프랑스인들이 거주하였던 곳이어서 프랑스 건축물들이 많습니다. 유럽의 분위기가 물씬 풍겨 베트남 사람들의 신혼여행지로 유명한 곳입니다.

우리는 달랏의 유명한 관광지인 크레이지 하우스에 갔습니다. 크레이지 하우스는 스페인 건축가 가우디의 영향을 받아 지어진 독특한 건축물입니다. 구불구불한 곡선으로 된 벽에는 동그란 문들이 미로처럼 서로 연결되어 있었습니다. 마치 동화 속에 나오는 마법의 성 같아 호기심을 자극했습니다.

아이들은 크레이지 하우스를 보자 눈이 휘둥그레졌습니다. 빨리 마법의 성을 탐험하고 싶은 것입니다. 그때 큰아이가 저에게 한 가지 제안을 했습니다.

"엄마, 저 여기 혼자서 구경해봐도 돼요?"

"혼자서?"

"네. 저 혼자서요. 혼자서 돌아보고 싶어요."

건물 안이 온통 미로처럼 연결되어 있어 아이가 길이라도 잃어버리면 어쩌나 걱정이 되었습니다. 더군다나 큰아이는 전화기도 없었고 여기는 한국도 아니고 베트남이었습니다.

큰아이에게 엄마가 걱정되는 부분을 설명하고 같이 돌아보자고 제안을 했습니다. 나는 제안이라고 했지만, 사실은 반대였습니다. 그런데 수긍할 줄 알았던 큰아이는 더욱 확고하게 말했습니다.

"손목시계는 있으니까 시간을 정해 여기 입구에서 만나면 되잖아요."

걱정이 굴뚝같았습니다. 하지만 장소가 그리 넓지는 않아서 아이의 선택을 존중해주기로 결심하고 큰아이만 허락을 했습니다. 한 시간 뒤에 매표소가 있는 입구에서 만나기로 하고 헤어졌습니다.

우리는 서로 성을 돌아보기 시작했습니다. 건물 입구로 들어가면 층마다 여러 개의 문으로 나뉘어져 있었습니다. 어떤 문을 선택하느냐에 따라 성을 돌아보는 코스가 달라졌습니다.

작은아이에게는 혼자 모험하는 기회 대신 앞장설 수 있는 기회를 주었습니다. 그리고 아이가 이끄는 대로 뒤따라갔습니다. 아이는 신이 나 적극적으로 성을 탐험했습니다.

우리는 돌아보면서 반대편 입구에서 손을 흔드는 큰아이를 보고 함께 손을 흔들어 주었습니다. 가끔은 건물 안에서 마주치기도 했습니다. 형제는 그때마다 끌어안으며 너무나 반가워했고 헤어지기를 반복했습니다. 처음엔 걱정이었는데 곧 걱정도 사라졌습니다.

큰아이는 정해진 시간에 약속장소로 정확히 나왔습니다. 대견스러운 마음에 아이와 하브루타를 해보았습니다.

Crazy House

엄마: 혼자 돌아보는 것이 어땠어?

큰아이: 나 혼자서도 언젠가는 여행을 해볼 수 있겠다는 생각이 들었어요.

혼자만의 짧은 여행이었지만, 아이는 자신감을 많이 가진 듯했습니다. 혼자만의 여행을 꿈꾸게 된 것을 보면 말이죠.

큰아이는 집으로 돌아와 할머니에게 자신의 경험을 아주 자랑스럽게 이야기 했습니다.

큰아이: 할머니 제가 달랏에 있는 크레이지 하우스 갔었는데요. 미로처럼 생긴 집인데 엄마, 아빠 없이 저 혼자 거기를 다 돌아보고 왔어요.

할머니: 혼자서 말도 통하지 않는데 잃어버리면 어쩌려고 그랬어?

큰아이: 걱정 마세요. 제가 누구예요? 미로 찾기 대장이잖아요! 다음에 할머니랑 같이 달랏 가면 제가 크레이지 하우스 구석구석 가이드해드릴께요.

할머니: 우리 현이가 가이드해준다니 벌써부터 기대되네.

기대된다는 할머니 말씀에 뿌듯해하는 모습이 사랑스러웠습니다. 큰아이는 이 여행 이후로 적극적으로 자신의 의견을 내기 시작했습니다. 스스로 원하는 것을 선택하니 여행을 더 즐거워했고, 기억에 남는 것도 더 많아졌습니다. 주도적으로 여행을 하니 더욱 의미 있게 느끼고 더 많은 것을 기억하게 된 것이지요.

여행은 아이들의 주도성을 키워주는 텃밭입니다.

텃밭을 가꾸려면 먼저 무엇을 심을지 선택해야 합니다. 다음에 선택한 씨앗을 심고, 물도 주고, 거름도 주며 잘 자라도록 가꿔야 열매를 맺습니다.

주도성을 키우는 방법도 비슷합니다. 다양한 상황 속에서 선택을 해야 합니다. 또 선택한 것을 실행으로 옮겨야 합니다. 씨앗을 심어놓고 가꾸지 않으면 열매를 맺을 수 없습니다. 마찬가지로 선택을 하고, 행동하지 않으면 결실을 맺을 수 없습니다. 주도성을 기를 수 없는 것이죠. 많은 씨앗을 심을수록 더 많은 열매를 맺듯이 선택의 경험이 많을수록 주도성이라는 열매를 더 많이 얻을 수 있는 법입니다.

여행은 선택을 하고 바로 실행해볼 수 있기에 더욱 좋은 경험이 될 수 있습니다.

망설이지 말고 바로 아이와 하브루타 해보세요.

"엄마와 어디로 여행을 가보고 싶니?"

그리고 과감히 떠나보시길. 아이가 이끄는 여행을 떠나게 되는 그날까지.

체험 하브루타 질문 예시

○ 반쎄오는 어떤 음식이었니? 어떤 맛이었니?

○ 베트남 사람들은 주로 무엇으로 만든 음식을 많이 먹을까?

○ 크레이지 하우스는 어떻게 생겼니?

심화 하브루타 질문 예시

○ 크레이지 하우스는 왜 직선이 없을까?

○ 왜 이름을 크레이지 하우스라고 지었을까?

○ 만약 네가 혼자 여행을 한다면 어디를 가보고 싶니?

○ 하루 동안 네가 가보고 싶은 곳들은 어디니 ?

소감 하브루타 질문 예시

○ 크레이지 하우스를 혼자 돌아본 소감이 어떠니?

○ 혼자 돌아볼 때 걱정되었던 점이 있다면 무엇이니?

○ 혼자 여행을 할 때 가장 필요한 것은 무엇이라고 생각하니?

질문을 만들어 보세요!

○

○

○

실패를 이해할 때
또 다른 도전이 시작된다

보홀에 갔을 때 택시를 예약하여 섬을 돌아보기로 했습니다. 아침 9시, 예약한 택시가 로비에 도착했습니다. 택시기사는 가고 싶은 곳을 물으며 팜플렛을 내밀었습니다.

"가고 싶은 곳이 어디예요? 짚라인 타볼래요?"

심각한 고소공포증이 있는 터라 바로 거절을 하려다 혹시나 해서 두 아이에게 물어보았습니다.

"너희들 짚라인 타볼래?"

큰아이가 고개를 절레절레 흔들며 싫다고 했습니다. '그럴 줄 알았어' 하며 택시기사에게 거절의 뜻을 말하려는데, 작은아이가 저를 불렀습니다.

"엄마, 저 짚라인 도전해볼래요."

"진짜? 짚라인을 해보겠다고?"

큰아이와 저는 믿기지 않는 듯 작은아이를 바라보았습니다.

"네. 한 번 도전해보고 싶어요."

작은아이는 비장한 표정까지 지어 보였습니다.

"너 진짜 할 수 있겠어?"

"그럼요, 할 수 있어요. 해볼래요."

우리는 작은아이의 굳은 결심에 따라 짚라인을 타러 갔습니다.

보홀의 짚라인은 길이가 520m로 로복강이 내려다보이는 산 중턱에서 강을 건너는 것입니다. 그런 걸 꼬마가 해보겠다니, 대견스럽기도 하고 걱정도 되었습니다.

매표소에서 표를 사려는데 문제가 생겼습니다. 아이가 작아 혼자서 탈 수 없으니, 보호자가 한 명 같이 타야 한다는 것입니다.

"어쩌지? 아이 혼자서는 못 탄다는데. 아쉽지만 포기해야겠다."

"엄마가 같이 타주면 저 탈 수 있잖아요?"

"미안한데 엄마는 높은 데 무서워하잖아."

당황스러웠습니다. 생각만해도 머리가 쭈뼛쭈뼛 섰습니다. 사실 제가 물공포증보다 더 심한 것은 바로 고소공포증이었습니다.

"엄마, 제발 같이 타주세요. 난 꼭 도전해보고 싶어요."

도전해보고 싶다는 아들의 간곡한 부탁에 엄마로서 포기하라고 더 이상 말할 수가 없었습니다. 결국 표 두 장을 샀습니다.

"역시 우리 엄마가 최고야! 고마워요! 엄마, 우리 같이 도전해보는 거예요. 할 수 있어요!"

작은아이는 함께 도전을 하는 엄마가 최고라며 추켜 세워주었습니다.

"엄마, 괜찮겠어요?"

큰아이가 걱정스런 눈빛으로 물었습니다.

"혹시, 엄마대신 네가 해볼래?"

어떻게든 벗어나고픈 마음에 마지막으로 큰아이에게 구원의 눈빛을 보냈습니다.

"엄마, 전 처음부터 무서워서 안 한다고 했잖아요."

큰아이는 단호하게 거절했습니다. 이럴 땐 정말 단호박 같습니다. 할 수 없이 다시 마음을 가다듬고 작은아이의 손을 잡았습니다. 엄마와 손을 잡고 짚라인을 타러 언덕을 올라가는 아이는 마냥 즐거워했습니다.

아이와 달리 저는 언덕을 올라가는 걸음도 마음도 무거웠습니다. 그래도 아이 앞에서 의연한 모습을 보여야 한다는 생각에 억지로 웃음을 지었습니다. 귓가에서 리쌍의 '내가 웃는게 웃는 게 아니야' 노래가 들려오는 듯 했습니다. 사실 어떻게 탑승구까지 올라갔는지도 모르겠습니다.

보홀의 짚라인은 엎드려서 슈퍼맨 포즈로 탑니다. 조끼를 입고 엎드려뻗쳐 자세를 하면 라인의 고리를 조끼에 걸어 연결시킵니다. 고리가 잘 연결됐는지 확인을 하고, 바닥에서 손을 떼게 한 후 '쓰리, 투, 원' 신호에 맞춰 출발을 시킵니다.

드디어 우리 차례가 돌아왔습니다. 옷을 입는데 심장이 두근두근 떨렸습니다. 엎드려뻗쳐 자세를 하니 제 옷 등 뒤로 '찰칵' 고리를 거는 소리가 들렸습니다. 이젠 손을 바닥에서 떼고 앞으로 뻗기만 하면 됩니다. 작은아이가 먼저 손을 앞으로 뻗은 후 저를 보며 웃었습니다.

'내 차례다. 손바닥만 땅에서 떼면 된다' 마음속으로 되뇌었습니다.

그런데 갑자기 손을 놓으면 세상이 끝날 거 같은 공포가 몰려 왔습니다. 극심한 두려움으로 순간 눈앞이 깜깜해졌습니다. 손바닥을 떼기는커녕 오히려 손바닥이 바닥에서 떨어질까봐 온 힘을 주었습니다. 그리고 죽기 살기로 소리치기 시작했습니다.

"노! 노! 나 안 탈래요!"

"괜찮아요. 안 무서워요. 손만 바닥에서 떼면 돼요."

"아니야. 난 못 타요. 나 내려줘요. 무서워!!!"

"진짜 안 탈 거예요? 티켓 환불 안 돼요. 괜찮겠어요?"

"상관없어요. 환불 안 받을 테니 나 좀 내려줘요. 너무 무서워요."

몇 번이나 환불 못 해준다는 확인을 한 뒤 직원이 등의 고리를 풀어주었습니다.

옷을 벗는 순간 '살았구나' 싶었습니다. 그때서야 작은아이가 눈에 들어왔습니다. 작은아이는 표정이 굳어있었습니다.

'아… 이 아이 혼자서는 못 타는데 어쩌지?'

살았다는 안도감 뒤로 미안함이 밀려왔습니다.

"누가 아이랑 같이 타줄 수 있나요?"

급히 직원에게 부탁했습니다. 다행히 직원 한 명이 함께 타주기로 했습니다. 작은아이는 엄마와 달리 담대하게 "엄마, 사랑해!"를 외치고 짚라인을 타고 로복강을 건넜습니다. 저는 얼른 도착점으로 가서 아이를 기다렸습니다. 잠시 후 반대편에서 케이블카를 타고 아이가 왔습니다. 아이를 향해 엄지손가락을 치켜세워 주었습니다. 그런데 아이의 표정이 밝지가 않았습니다.

"무슨 일이야? 왜 무서웠어?"

작은아이가 대뜸 퉁명스럽게 말했습니다.

"난 엄마 때문에 너무 창피했어요."

아이의 말에 당황스러웠습니다. 아이의 마음을 풀어주어야겠다는 생각에 하브루타를 해보았습니다.

엄마: 엄마 때문에 창피했구나. 어떤 게 창피했어?

작은아이: 사람들 다 보는 데 엄마가 계속 무섭다고 소리 지르고, 못한다고 그랬잖아요. 다른 사람들이 다 웃었단 말이에요.

엄마: 그래, 창피했겠다. 미안해, 그런데 엄마는 높은 곳에서 아래를 내려다보면 너무 무섭거든. 참아보려고 했는데 갑자기 죽을 거 같이 너무 무서웠어. 미안해

큰아이: 그래도 엄마가 거기까지 올라간 건 대단한 거야.

큰아이가 옆에서 엄마 편을 들어주었습니다. 한참 뾰로통해 있던 작은아이는 조금 마음이 풀렸는지 말했습니다.

작은아이: 그렇게 무서운데 나랑 같이 짚라인 타러 올라간 거예요?

엄마: 그럼, 우리 아들이 엄마랑 함께 도전해 보고 싶다니까. 엄마도 꼭 성공하고 싶었거든. 그래서 노력했는데 결국은 실패했네.

작은아이: 괜찮아요 엄마. 성공은 못했지만 노력해줘서 고마워요.

엄마: 성공하지 못했는데도?

작은아이: 그럼요. 아예 도전도 안 할 수 있는데 엄마는 그래도 도전했잖아요. 엄마가 그렇게 무서워하는데 도전해본 건 정말 대단한 거예요.

엄마: 그렇게 말해줘서 너무 고마워. 그리고 엄마가 함께 성공 못해서 진짜 미안해.

작은아이: 괜찮아요. 도전하다보면 엄마도 언젠가는 성공할 수 있을 거예요.

엄마: 고마워 아들. 근데 진짜 언젠가는 성공할 수 있을까?

작은아이: 그럼요. 나 자전거 탈 때도 처음에 계속 넘어지고 못했잖아요. 근데 계속 하다보니 할 수 있게 됐잖아요. 실패한다고 포기하지만 않으면 할 수 있어요.

엄마: 그런 생각까지 대단한데! 그런데 어땠어? 진짜 무섭지 않았어?

작은아이: 하나도 안 무서웠어요. 강을 지나가는 데 진짜 좋았어요. 배도 봤는걸요.

작은아이는 자신이 본 것들과 도전에 성공한 소감을 신이 나 한참을 이야기했습니다.

짚라인 타기에 실패한 엄마가 창피하다고 했던 아이는 함께 하브루타를 하면서 엄마의 실패를 새롭게 이해하였습니다. 두려운 마음이 있었지만, 자신과 함께 도전을 시도한 저를 인정해준 것입니다. 또 실패는 끝이 아닌 성공을 향해 한 걸음 나아가는 과정이라는 것도 이해하였습니다.

만약 하브루타를 하지 않았다면 어떻게 됐을까요?

아이는 그저 엄마를 짚라인 하나 못 타는 겁쟁이로 창피하게 여겼을 것입니다. 실패는 부끄럽고 창피한 일이라고 생각할 수도 있습니다. 그러면 아마 본인의 실패나 실수에도 너그럽지 못하게 될 확률이 높습니다.

자신의 실패든 다른 사람의 실패든, 실패를 인정해주는 것은 매우 중요합니다. 왜냐하면 실패를 인정하지 못하면 실패를 두려워하는 마음이 생기기 때문입니다.

여행 하브루타를 통해 아이는 자연스럽게 실패를 바라보는 넓은 시선과 이해심을 갖게 되었습니다. 이것이 여행 하브루타의 힘입니다. 여행 하브루타는 다양한 경험을 살아있는 지혜로 바꿔줍니다. 부모와의 자연스러운 대화 속에서 아이는 생각을 넓히고 의미를 스스로 찾아가는 것입니다. 작은아이처럼 말입니다.

아마도 작은아이는 이 경험을 통해 실패를 두려워하지 않고 무엇이든 도전할 수 있을 것입니다. 만약 실패해도 스스로 창피하게 생각하거나, 좌절하여 포기하지 않을 것입니다. 실패를 이해할 때 또 다른 도전이 시작되기 때문입니다.

체험 하브루타 질문 예시

○ 짚라인을 누구랑 탔니?

○ 짚라인은 어떻게 타는 거니?

○ 짚라인을 타면서 무엇을 보았니?

심화 하브루타 질문 예시

○ 내가 짚라인을 만든다면 어디에 만들어 볼 수 있을까?

○ 엄마처럼 무서워 하는 사람들도 탈 수 있는 짚라인을 만든다면?

○ 만약 도전에 실패한다면 기분이 어떨까?

○ 실패를 했을 때 어떻게 하는 것이 좋을까?

소감 하브루타 질문 예시

○ 짚라인을 타기 전에 어떤 마음이 들었니?

○ 짚라인을 타고 나서 어떤 생각이 들었니?

○ 엄마가 실패했을 때 어떤 마음이 들었니?

질문을 만들어 보세요!

○

○

○

성공보다 빛나는 도전정신이 필요하다

아이들과 세부 여행을 준비할 때 일입니다. 각자 세부에서 하고 싶은 일을 검색해본 뒤 함께 하브루타 해보았습니다.

"너희는 세부에서 제일 하고 싶은 일이 무엇이야?"

"전 고래상어를 보러 가고 싶어요. 보니까 고래상어를 볼 수 있는 곳이 있더라구요."

큰아이가 먼저 제안을 했습니다.

세부에서 남쪽으로 120Km 떨어진 오슬롭이라는 마을이 있습니다. 이 마을은 수년 전부터 고래상어로 유명해졌다고 합니다. 매일 아침 고래상어들이 먹이를 찾아 이곳으로 찾아오기 때문입니다.

여기에는 사연이 있습니다. 오슬롭 앞바다에 길을 잃은 고래상어 한 마리가 나타났습니다. 한 어부가 이 고래상어를 발견하여 먹이를 주어

돌려보냈습니다. 그 이후 고래상어들이 이곳으로 매일 먹이를 먹으러 오게 되었다고 합니다. 야생의 고래상어들이 사람들을 찾아와 먹이를 먹고, 공생한다는 사실이 신기하기만 합니다.

아이들은 고래상어 이야기에 흥분했습니다. 수족관이 아닌 바다에서 직접 고래상어를 볼 수 있다니 기대가 이만저만이 아니었습니다. 흥분하는 아이들에게 남편이 한 마디 했습니다.

"네 엄마 물속에도 못 들어가는데, 고래상어를 어떻게 봐?"

사실 저는 물을 엄청 무서워합니다. 물놀이를 즐기지도 않습니다. 발이 닿지 않는 물에서는 구명조끼가 있어도 들어가지 못합니다. 이런 저를 아는 남편이 아이들에게 포기하라고 이야기를 한 것입니다.

"왜 못 봐? 보면 보는 거지. 까짓거 연습하고 가면 할 수 있어. 한 번 도전해보지, 뭐!"

아이들은 고래상어를 못 볼까 실망했다가 도전해보겠다는 엄마의 말에 다시 신이 났습니다. 작은아이가 말했습니다.

"엄마, 진짜야? 내가 도와줄게요. 튜브 가지고 가서 내가 끌어 줄게요."

"응, 고마워."

그렇게 해서 저의 새로운 도전이 시작되었습니다.

세부에 도착한 후, 전 매일 호텔 수영장에서 스노클링 연습을 했습니다. 그리고 드디어 결전의 날이 왔습니다. 오슬롭에 도착한 우리는 가이드의 안내에 따라 필리핀 전통 배인 방카를 탔습니다. 심장이 떨렸습니다. 5분쯤 가서 배가 멈췄습니다. 그때 헬퍼가 내게 소리를 쳤습니다.

"바다로 뛰어내려요! 당신부터예요!"

"저요? 못해요. 난 아직 준비가 안 됐어요."

"서둘러요! 고래가 멀리 가요! 시간이 없어요. 얼른 뛰어내려요."

오슬롭 투어는 고래상어의 보존을 위해 관람 시간을 30분으로 제한하고 있었습니다. 헬퍼의 다그침에 저와 아이들은 서둘러 바다로 들어갔습니다. 그리고는 고래상어가 다가올 때마다 외치는 헬퍼의 카운트다운에 맞춰 잠수를 해서 고래상어를 보았습니다. 덕분에 두려움을 느낄 틈도 없이 무사히 고래상어 스노클링을 마칠 수 있었습니다.

바닷속에서 보는 고래상어는 무척 컸고, 신비로웠습니다. 아이들은 돌아오는 길에 고래상어 이야기로 흥분하였습니다.

큰아이: 고래가 갑자기 나에게 와서 내 손이 고래에 닿았어. 정말 깜짝 놀랬어.

작은아이: 형, 나도 갑자기 고래가 내 앞으로 와서 놀랬어. 정말 컸어. 엄마도 봤어요?

엄마: 엄마도 봤어, 정말 크고 대단하더라. 포기했음 정말 후회할 뻔했어.

작은아이: 엄마, 고래상어가 왜 사람들이 먹이 주는 곳으로 왔을까요?

하브루타를 좋아하는 작은아이는 금세 질문을 하며 하브루타 해보자고 했습니다.

엄마: 네 생각은 어때?

작은아이: 사람들이 먹이 주는 게 맛있어서 그런 거 같아요.

큰아이: 난 사람들을 좋아하는 거 같아요. 그러니까 도망 안 가지. 나한테도 가까이 오고.

흥분하며 서로 끊이지 않고 하브루타 하는 아이들을 보니, 용기 내기를 참 잘했다 싶었습니다. 스스로가 기특해졌습니다.

작은아이: 엄마, 진짜 대단해요! 도전에 성공한 느낌이 어때요?

엄마: 음. 도전 해보기 잘했다? 그리고 해보니까 별거 아니네~.

아이들: 오~~.

아이들은 엄마의 도전 성공을 축하해주었습니다.

아이들: 음… 엄마, 나도 무엇인가 한 번 도전을 해봐야겠어요!

엄마의 도전 성공은 아이들에게 자극이 되었습니다. 아이들은 한 가지씩 도전을 해보겠다고 다짐을 했습니다. 아이들 스스로 무엇인가 새로운 시도를 해보겠다고 하니 기특하였습니다.

그 이후 큰아이는 다이빙에 도전했습니다.

스노클링을 하러 방카를 타고 바다로 나갔을 때입니다. 사람들이 배 2층 다이빙대에서 뛰어내리며 물놀이를 즐겼습니다. 그 모습을 보던 큰아이가 비장한 목소리로 나를 불렀습니다.

"엄마, 나도 다이빙 도전해볼래요."

큰아이는 겁이 나는지 먼저 1층 뱃머리에서 뛰어내려 보겠다고 했습니다. 몇 번을 뛰어내리려고 하다가 주춤했습니다. 막상 뛰어내리려고 하니 겁이 났던 모양입니다. 아이는 심호흡을 하며 결심한 듯 뒤돌아 웃고 있는 나를 보았습니다. 그리고 "엄마, 사랑해!"를 외친 후, 바다로 뛰어내렸습니다.

풍덩!!

"우와~~대단해! 정말 놀라워!!!"

저는 세상에 정말 대단한 기적이 일어난 것처럼 기뻐했습니다. 다시 배 위로 올라온 아이는 저의 반응에 뿌듯해했습니다. 그리고 자신감이 생겼는지 다시 한 번 뛰어내렸습니다. 이번엔 주춤하지 않았습니다.

저는 그때마다 "오~대단해! 정말 넌 최고야!" 하며 아이를 추켜 세워주었습니다. 큰아이는 어깨가 으쓱해져 몇 번을 더 뛰어내린 뒤 2층 다이빙대로 올라갔습니다. 내 심장이 더 두근거렸습니다. 아이는 잠시 아래를 내려다보고는 나에게 외쳤습니다.

"여기 와서 보니까 생각보다 높아 보여요."

"그래? 못 뛰어도 괜찮아. 지금까지도 잘했어!"

그런데 내 말이 끝나기도 전에 아이는 거침없이 뛰어내렸습니다. 모든 두려움을 이겨내는 순간이었습니다. 큰아이는 다이빙에 성공한 뒤 자신감이 생겨 패들보드에도 도전을 했습니다.

멋지게 도전을 해 성공한 아이에게 물었습니다.

“도전해 본 소감이 어때?”

“음…도전해보기 잘했다? 그리고 해보니까 별거 아니네~.”

저의 대답을 따라하는 아이에게 웃음이 났습니다.

여행에서는 도전해볼 수 있는 기회가 많습니다.

낯선 곳에서는 무엇이든 도전이 될 수 있습니다. 때로는 여행 자체가 도전이 되기도 합니다. 손으로 음식을 먹는 인도의 문화를 체험해보는 것, 스노클링을 하며 바닷속 풍경을 직접 체험해보는 것, 특색있는 전통 음식을 먹어보는 것들 모두 아이들에게는 새로운 도전입니다.

유치원에서도 새롭고 낯선 것은 시도조차 하지 않는 아이들이 있습니다. 보통 자신감이 없거나 완벽한 것을 추구하는 아이들이 도전을 주저합니다. 자신감이 없는 아이들은 시도해보는 것을 두려워하고, 완벽한 것을 추구하는 아이들은 실패를 두려워합니다.

성공의 여부보다 중요한 것은 도전입니다. 성공이든 실패를 하든 도전하는 것 자체가 의미가 있습니다. 아이들은 새로운 것을 시도해보며 성취감을 느낍니다. 그리고 자신감을 갖습니다. 이러한 자신감은 어렵고 힘든 일에도 도전을 가능하게 합니다.

실패는 새로운 도전의 기회입니다. 실패를 하면 원인을 살펴보고, 다시 도전해볼 수 있기 때문입니다. 또 실패를 극복하며 역경을 이겨내는 힘을 기를 수 있는 아주 중요한 경험입니다. 어릴 적부터 새로운 시도와 경험이 중요한 이유입니다.

여행에서는 다양한 도전의 기회가 주어집니다. 아이들은 여행지에서 만나는 새로운 도전거리에 흥미를 보이고 시도해 봅니다. 그리고 이때의 경험은 다시 일상으로 이어져 변화를 보입니다.

우리 집 아이들도 처음부터 적극적이고 도전을 잘하는 아이들은 아니었습니다. 큰아이는 특히 겁이 많았습니다. 그리고 승부욕이 강해 실패를 두려워하는 아이였습니다. 물에 대한 두려움을 극복하기 위해 수영을 배웠지만, 여전히 겁이 많은 아이였습니다.

그런 아이가 다이빙에 도전하고 성공한 것입니다. 많은 여행의 경험 속에 작은 도전들이 쌓여 마침내는 두려움을 이겨내는 도전까지 하게 된 것입니다. 작은아이도 짚라인에 도전했습니다. 소극적인 작은아이에게도 큰 도전이었습니다.

아이들에게 도전의 경험이 중요하다고 해서 무리한 도전을 시키는 것은 금물입니다. 처음에는 작은 것부터 시도해보는 것이 좋습니다. 새로운 음식을 먹어보는 것, 여행지에서 할 수 있는 다양한 체험을 해보는 등 쉽게 할 수 있는 것부터 시작하면 됩니다. 이때 강요하면 아이들은 거부감이 생길 수 있습니다.

시도해보기를 거부할 때 어떻게 하면 좋을까요?

먼저 하브루타로 이유를 살펴보는 것이 중요합니다. 하부루타로 질문하여 아이의 마음을 읽어주는 것입니다. 아이가 시도하기 어려운 이유는 여러 가지가 있을 수 있습니다. 혼자 해보는 것이 두려울 수도 있고, 관심이 없을 수도 있습니다. 용기가 없거나 실패가 두려워서일 수도 있습니다.

이유를 알면 함께 해결방안을 찾으면 됩니다. 혼자 하기 어려우면 부모님이 도와 같이 해보면 됩니다. 관심이 없으면 아이가 마음의 준비가 될 때까지 기다려주거나 관심 있는 것을 찾으면 됩니다. 용기가 없으면 용기를 주면 됩니다. 실패가 두려우면 하브루타로 실패의 의미를 깨닫게 해줄 수 있습니다.

'시작하기 위해 위대해질 필요는 없지만 위대해지려면 시작부터 해야 한다.'

레스브라운의 말처럼 위대해서 시작하는 것이 아닙니다. 처음부터 잘할 필요는 없습니다. 서툴러도 괜찮습니다. 실패해도 괜찮습니다. 아이의 성공 여부보다는 시도에 응원해주십시오.

다양한 경험 속에서 새로운 시도를 하며 도전정신을 키운 아이들의 미래가 기대 됩니다.

체험 하브루타 질문 예시

○ 막탄에서 고래상어를 보러 가는 방법은 무엇이니?

○ 고래상어의 크기는 어땠니?

○ 방카를 타고 가면서 무엇을 보았니?

심화 하브루타 질문 예시

○ 왜 고래상어가 마을 앞바다에 오게 됐을까?

○ 고래상어는 어떤 것을 먹고 살까?

○ 고래상어가 마을에 찾아온 후 사람들의 생활은 어떻게 변했을까?

○ 내가 또 도전해보고 싶은 것이 있다면 무엇이 있니?

소감 하브루타 질문 예시

○ 도전을 할 때 어떤 기분이 들었니?

○ 다이빙에 성공할 때 어떤 기분이 들었니?

○ 고래 상어를 직접 본 소감이 어땠니?

질문을 만들어 보세요!

○

○

○

배려받은 경험이 배려하게 만든다

20대에 친구와 떠났던 유럽 배낭여행, 첫 여행지는 영국이었습니다. 영국에 도착한 날 우리는 숙소에 짐을 맡겨 놓고 바로 런던 브릿지로 향했습니다. 영국의 상징물인 런던 브릿지를 제일 먼저 보고 싶었습니다.

처음 가 본 유럽. 영국, 그리고 런던 브릿지.

모든 것이 새롭고 즐거웠습니다. 우리는 런던 브릿지를 보며 신이 나 환호성을 질렀습니다. 그리고는 런던 브릿지를 배경으로 사진을 찍기 위해 다리 난간에 서서 포즈를 취했습니다. 그 순간 놀라운 일이 벌어졌습니다.

마침 퇴근 시간이라 오고가는 사람이 많았습니다. 의례 사람이 많으려니 하고 개의치 않고 사진을 찍으려고 했습니다. 그런데 지나가던 사람들이 우리를 사이에 두고 양쪽으로 멈춰 선 것입니다. 마치 홍해의 기적처럼.

우리는 당황했습니다. 사람들이 양쪽으로 멈춰 서서 사진을 찍는 우리를 기다리는 상황이 민망했습니다. 얼른 친구의 사진만 찍어주고 한쪽으로 비켜주었습니다. 그런데 웬일인지 사람들이 지나가지 않는 것입니다.

그때, 한 신사가 사진기를 들고 있는 내게 친구와 함께 사진을 찍어주겠다고 나섰습니다. 미안한 마음에 괜찮다고 했는데 신사는 걱정 말라며 포토존에 기어코 나와 친구를 세워놓고 사진을 찍어주었습니다. 신사가 내게 다시 사진기를 주자, 그때서야 사람들이 다시 발걸음을 옮겼습니다. 그 많은 사람들이 어떻게 모두 멈춰 기다릴 수 있었을까요? 한 명도 지나가는 사람이 없었다는 것이 신기하기까지 했습니다.

우리는 흥분하며 다음 장소로 향했습니다. 거리 풍경이 아름다워 잠시 길가에 서 사진을 찍으려 하는데 이번에는 차가 멈췄습니다. 영문을 몰라 쳐다보는 우리에게 운전사가 길을 건너라고 손짓을 합니다. 우리가 길을 건너는 줄 알았던 모양입니다. 우리는 아니라는 뜻으로 손을 저었습니다. 그러자 운전사가 웃으며 우리를 지나쳐 가던 길을 갔습니다.

영국에 도착한 첫 날, 우리를 위한 우연한 혹은 특별한 선물이라고 생각했습니다. 그러나 우연이 아니었습니다. 그 이후에도 선물 같은 배려는 계속되었으니까요. 이때 느낀 문화적 충격은 컸습니다. 당시 우리나라에서는 상상도 할 수 없는 일이었기 때문입니다.

여행을 하며 다른 사람을 배려하는 것도 습관인 것을 깨달았습니다. 그리고 습관을 가진 사람들이 모여 문화를 이룬다는 것도 말이죠.

그때 한 가지 다짐을 했습니다. 아이들을 낳으면 꼭 유럽에 같이 오겠다고…….

경험만큼 좋은 교육은 없다는 확신이 생겼습니다. 제가 바로 여행 교육의 산 증인이기 때문입니다.

유럽 배낭여행 이후 저는 달라지기 시작했습니다. 길을 가다가 사진을 찍는 외국인이 있으면 멈춰서 기다려 주었습니다. 그리고 문을 열고 가는데 뒷사람이 오면 손잡이를 잡고 기다려 주었습니다. 다른 사람을 배려하는 습관들이 하나씩 생기기 시작한 것입니다.

누가 시킨 적도 없고, 가르쳐준 적도 없습니다. 단지 경험만으로 배웠습니다. 내가 받은 작은 배려들이 너무 좋아 다시 나누고 싶었던 것입니다. 아이들을 데리고 여행을 하는 이유이기도 합니다.

백문이 불여일견입니다. 배려해야 해! 하고 백번 말하는 것보다 직접 배려 받아보는 경험이 교육적 효과가 큰 법입니다.

저의 생각은 적중했습니다. 아이들은 여행을 하며 많은 배려를 경험했습니다. 호텔 직원들의 친절한 배려부터 상점의 문을 잡고 기다려주는 사람의 작은 배려까지 말이죠. 게다가 특별한 배려까지…….

제주 한 달 살기 할 때 일입니다.

우리는 애월에 위치한 유수암 산장에서 한 달 동안 머물렀습니다. 유수암 산장은 가운데 넓은 잔디 마당이 있었습니다. 이 마당 가장자리로 빙 둘러 7채의 원룸 독채와 주인집이 있었습니다. 각 원룸에 있는 발코니에서는 마당이 훤히 내다 보였습니다. 한 달 살기에는 부족함이 없는 곳이었습니다.

유수암 산장에 도착한 첫 날 저녁 마당에서는 숯불이 피워졌습니다. 숯불이 벌겋게 달아오를 때쯤 마당에 있는 커다란 테이블로 사람들이 모이기 시작했습니다. 잠시 후, 노크 소리가 들렸습니다. 주인집 언니였습니다. 다른 가족들과 인사를 나누게 하려고 자리를 마련한 것입니다. 주인 언니의 세심한 배려 덕분에 우리는 함께 바비큐를 먹으며 인사를 나눌 수 있었습니다.

당시 여행을 온 7가족 중 아빠 없이 여행을 온 가족은 우리밖에 없었습니다. 아빠들이 한 달에서 두 달이란 시간을 낸다는 게 대단해 보였습니다. 한편으로는 아빠 없이 온 아이들이 괜히 의기소침해질까 걱정이 되었습니다.

그러나 그런 걱정은 금세 사라졌습니다. 다른 가족들의 배려 덕분이었습니다. 마당에서 자녀들과 함께 공차기를 할 때면 아빠들은 우리 아이들을 불러 함께 공차기를 했습니다.

일주일에 한 번씩 모여 바비큐 파티를 할 때면 아빠가 없는 우리 아이들부터 고기를 구워 접시에 담아주었습니다. 아이들과 장을 봐 짐을 옮기려고 하면 함께 짐을 날라주었습니다.

어느 날은 엄마들끼리 의기투합하여 까페로 나들이 가기로 약속을 했습니다. 그동안 아이들은 아빠들이 돌봐주기로 하였었죠. 물론 아빠 없는 저는 생각도 못할 일이었습니다. 그때 대전에서 온 선우 아빠가 찾아왔습니다. 아이들을 봐줄 테니 함께 시간을 보내고 오라는 것이었습니다.

아이들 식사도 그렇고 맘에 걸려 거절했지만, 엄마들과 다른 아빠들이 합세하여 저를 떠밀었습니다. 덕분에 모처럼 엄마들과 예쁜 카페에서 즐거운 시간을 보낼 수 있었습니다.

유수암 산장의 생활은 배려 그 자체였습니다. 아이들을 위한 배려, 혼자 아이들을 데리고 온 엄마를 위한 배려, 이웃을 위한 배려들이 넘쳤습니다. 마치 종합 선물 세트 같았습니다. 그러던 어느 날 아이의 마음이 궁금해져 하브루타를 주고 받았습니다.

엄마: 아빠 없이 제주에 있는 게 어때?

아이들: 너무 좋아요.

엄마: 다른 아이들은 아빠와 함께 있는데 부럽지 않아?

큰아이: 괜찮아요. 삼촌들이 같이 놀아줘서 너무 재미있어요.

엄마: 왜 삼촌들이 같이 놀아줄까?

큰아이: 현이랑 저는 아빠가 없으니까 같이 놀아주는 거 같아요.

엄마: 엄마 생각에도 삼촌들이 아빠 없이 온 너희를 배려해준 거 같아.

큰아이: 배려가 뭐예요?

엄마: 배려란 다른 사람을 생각해주는 마음과 행동이야.

큰아이: 아, 그렇구나.

엄마: 삼촌이랑 이모들이 현이를 생각하고 배려해준 것이 또 있을까?

큰아이: 저번에 마당에서 루호랑 노는 데 이모가 수박 가져다 줬어요.

엄마: 어머, 감사해라. 그런데 이모는 가족끼리 먹으면 되는데 왜 우리를 배려할까?

큰아이: 우리가 먹고 싶을까봐요.

엄마: 그럴 수도 있겠다. 다른 사람의 마음을 미리 알아서 그 사람 좋게 해주는 것도 배려지. 삼촌들과 이모들이 배려를 해주니까 어떤 마음이 들었어?

큰아이: 고마웠어요. 삼촌이랑 이모 좋아요. 나도 배려해주고 싶어요.

나도 배려해주고 싶다는 아이의 말에 가슴이 벅찼습니다.

어른이나 아이나 배려를 받으며 느끼는 감정은 비슷했습니다. 아이라고 모르지 않았습니다. 자신을 챙겨주고 도와주는 사람에게 더 정을 느끼고 친근감을 느꼈습니다. 그리고 배려하고 싶은 마음을 갖게 했습니다. 과거에 제가 그랬던 것처럼 말입니다.

배려는 선물과 같습니다. 받는 사람에게는 감동을, 주는 사람에게는 기쁨을 줍니다.

'다른 사람에게 베푸는 기쁨에 비례해 자신의 기쁨이 쌓이게 된다. 친절한 말을 하는 데 드는 힘이나 불친절한 말을 하는 데 드는 힘은 같다. 친절한 말은 그 말을 하는 사람뿐 아니라 듣는 사람에게도 친절한 행동을 불러일으킨다.'

공리주의 철학자 벤담의 「배려의 기술」에 나오는 이야기입니다.

배려는 다른 사람을 변화시키는 힘이 있습니다. 나 스스로를 변화시키지만, 상대방도 변화시킵니다. 그 변화는 서로를 행복하게 만들어 줍니다.

여행으로 배려의 경험을 넓혀보세요. 다양한 배려 문화를 경험한 아이들은 배려하는 행동도 거부감 없이 쉽게 배웁니다. 배려받는 것이 행복한 일임을 느꼈기 때문입니다.

아이에게 배려하는 습관을 길러주세요.

뒤에 오는 사람을 위해 문을 잡고 기다려주기, 다른 사람 앞을 지나쳐 갈 때는 '실례합니다'라고 먼저 말하기, 사진을 찍는 여행객이 있다면 잠시 기다려주기 등 작은 것부터 실천할 수 있도록 지도하시면 됩니다.

다른 사람들과 나누는 배려 속에 성장한다면 행복한 아이로 성장할 것이라고 믿습니다.

체험 하브루타 질문 예시

○ 삼촌들이 너희와 함께 무엇을 해주었니?
○ 사람들이 마당에 모여 무엇을 했니?
○ 마당에서 어떤 놀이를 했었니?

심화 하브루타 질문 예시

○ 이모는 왜 수박을 가져다 주었을까?
○ 사람들은 우리들을 왜 배려해주었을까?
○ 내가 다른 사람에게 할 수 있는 배려는 무엇일까?
○ 배려란 무엇일까?

소감 하브루타 질문 예시

○ 다른 사람이 너를 배려해주었을 때 어떤 마음이 들었니?
○ 마당에서 친구들과 함께 놀이할 때 기분이 어땠니?
○ 친구의 부모님들과 함께 어울려보니 어떤 생각이 들었니?

질문을 만들어 보세요!

○
○
○

나눔의 경험이 반복되면 습관이 된다

필리핀 세부에 갔을 때 일입니다. 두 아이와 숙소에서 먹을 물과 과일 몇 가지를 사러 마트를 향해 걸어가고 있었습니다. 좁고 포장되지 않은 막탄의 길에는 늘 차들이 늘어서 있습니다. 그 좁은 길 양 옆으로 과일 가게, 환전소, 선물가게 들이 들어서 있습니다.

막탄 시내는 어딜가도 한국 사람이 많습니다. 그래서인지, 가게마다 한글 간판이 걸려있습니다. 삼겹살집, 곱창집, 김떡순 분식집……. 정겨운 한국 음식점들을 보니 절로 반가우면서도 여기가 필리핀 맞나 싶기도 합니다.

막탄에는 관광객도 많지만 호객꾼들도 많습니다. 호객꾼들은 지나가는 우리를 그냥둘 리 없습니다. "택시? 트라이시클?" 눈이 마주치자 호객꾼이 저에게 다가오며 능숙한 한국말로 말을 붙입니다. 다가온 호객꾼들에게 손을 저으며 거절하며 걷는데 큰아이가 주춤하며 제 옷자락을 잡아당겼습니다.

“엄마, 저 아이 좀 봐요.”

아이는 작은 소리로 말했습니다.

큰아이의 눈빛을 따라가보니 한 아이가 있었습니다. 아이의 곁에는 아이의 엄마인지 한 여인이 작은 의자를 길모퉁이에 놓고 앉아 있었습니다. 아이는 여인의 주변을 맴돌며 돌아다니고 있었습니다. 우리나라 나이로 서너 살 정도 되어 보였습니다. 강한 햇빛에 그을린 아이의 까만 피부 위에 하얀 흙먼지들이 덕지덕지 묻어 있었습니다. 축 늘어진 나시는 언제부터 입고 있었는지 때가 꼬질꼬질하였습니다. 옷만큼이나 흙이 잔뜩 묻은 아이의 발은 맨발이었습니다.

“엄마, 저 아이 신발을 안 신고 있어요. 왜 신발을 안 신고 있을까요?”

“글쎄. 신발이 없나?”

두 아이는 주변을 두리번거리며 아이의 신발을 찾았습니다.

“근처에 신발이 없는데요?”

“아, 그러네. 에고. 발 다치면 안 되는데. 조심해야겠다.”

“저 아이에게 신발 사주고 싶어요.”

큰아이가 대뜸 말했습니다.

“신발을?”

놀라서 다시 되물어 보았습니다.

“네. 저 아이에게 꼭 신발 사주고 싶어요. 마트에서 신발 팔잖아요.

대신 제가 돈 낼게요."

큰아이는 신발이 없는 아이가 신경 쓰인 모양입니다. 아빠가 필리핀에 가서 쓰라고 주신 용돈으로 사주겠다는 것이었습니다. 작은아이도 힘을 합쳐 간절한 눈으로 저를 바라보며 부탁을 했습니다.

저 또한 아이를 키우는 부모인지라 아이가 자꾸 맘에 걸리기도 했습니다. 그래서 우리는 신발을 사러 돌아다니기 시작했습니다. 그런데, 성인 슬리퍼만 있을 뿐 세 살 정도의 아이가 신을 신발을 파는 곳은 없었습니다.

엄마: 어린이 신발이 없네. 못 사주겠다. 아쉽지만 그냥 가야겠다.

큰아이: 안 돼요. 꼭 사줘야 해요. 택시 타고 백화점 같은 데 가는 건 어때요?

엄마: 백화점 가려면 세부 시티로 가야 하는데, 왕복 2시간에 물건 사는 시간까지 하면 최소 3시간인데 그때까지 아이가 있을까?

큰아이: 갈 수도 있겠네요.

엄마: 다른 걸 사주는 건 어때? 아이가 좋아하는 걸로?

큰아이: 다른 거요? 그럼, 과자 같은 거 먹을 거 사줄까요? 과자는 비싸서 평소 못먹을 수 있잖아요.

엄마: 그것도 좋은 생각이네.

그렇게 해서 우리는 아이에게 나눠 줄 과자를 한아름 사서 아이를 찾아 갔습니다. 과자를 사서 가는 아이들의 발걸음이 즐거운 듯 가벼웠습니다.

"엄마, 벌써 갔으면 어떡하죠? 우리 좀 빨리 가요."

아이는 재촉했습니다. 저 멀리 길모퉁이에 여인이 앉아 있었습니다. 여인의 주변에 여전히 아이가 맴돌고 있었습니다.

"엄마, 저기 있어요."

아이는 신이 나 내 손을 끌고 앞으로 뛰어갔습니다. 그런데 막상 아이 앞까지 오니 쑥스러운지 두 아이 모두 머뭇거리기만 했습니다. 괜찮다고 말해주니 큰아이가 새우깡 한 봉지를 꺼내 아이에게 내밀었습니다.

"먹을래?"

그 아이는 무슨 일인지 모르겠다는 듯 우리 아이들을 빤히 쳐다보았습니다.

큰아이가 과자 봉지를 뜯어서 한 개를 꺼내 아이에게 내밀었습니다.

아이 곁에 있던 엄마가 무슨 상황인지 알았는지 먼저 "땡큐~" 하며 인사를 했습니다. 그리고 필리핀어로 아이에게 이야기하자 그제서야 아이가 씩 웃으며 과자를 받아먹었습니다. 이번엔 작은아이가 도마뱀 젤리를 아이에게 내밀었습니다.

"이것도 먹어."

아이는 신이 나 얼른 도마뱀 젤리를 가져갔습니다. 큰아이는 과자가 담긴 봉투를 아이에게 내밀었습니다.

"이것도 다 네 꺼야."

아이의 커다란 눈이 더욱 휘둥그레졌습니다.

아이 엄마는 옆에서 연신 고개를 숙여 인사를 했습니다.

"땡큐, 땡큐, 땡큐."

"유어 웰컴."

아이들은 수줍게 웃으며 아이와 작별 인사를 하였습니다. 호텔로 발길을 옮기며 함께 하브루타를 해보았습니다.

엄마: 너희들 필리핀 친구에게 과자를 사주니까 기분이 어땠어?

큰아이: 내 거 살 때보다 기분이 더 좋은 거 같아요.

엄마: 그래? 그런 생각을 하다니 대단한데? 그런데 왜 그 아이에게 신발을 꼭 사주고 싶었어?

큰아이: 내가 안 사주면 그 아이가 계속 신발을 못 신고 다닐 거 같았어요. 그래서 내가 꼭 사주고 싶었어요.

엄마: 아. 그래?

눈물이 울컥했습니다. 그런 생각까지 하다니. 대견스럽고 감격스러워졌습니다. 아이들은 생각했던 것보다 언제나 생각이 깊습니다.

엄마: 너희는 나눔이란 무엇이라고 생각해?

큰아이: 엄마, 나눔은 좋은 거예요. 마음이 따뜻해지니까요.

엄마: 마음이 따뜻해지는 거 같아?

큰아이: 네. 마음이 따뜻해져요. 더 도와주고 싶고, 더 나눠주고 싶고. 전 성공한 사람 돼서 돈 많이 벌어 더 많이 나눠주고 싶어요.

엄마: 멋진 생각이다. 근데 성공한 사람이 안 되면 나눌 수 없을까?

큰아이: 그건 아니에요. 지금도 나눌 수 있으니까 성공하지 않아도 나눌 수 있을 거예요.

작은아이: 난 나눔은 행복이에요. 나눠주면 행복하니까요.

엄마: 너는 나누면 행복해?

작은아이: 네. 행복해요. 뿌듯하고.

엄마: 그렇구나. 오늘 그럼 엄청 행복했겠네?

작은아이: 엄청 행복했어요.

엄마: 그래? 엄마가 너무 기쁘다. 그럼, 너희 둘이서도 더 많이 나눠주면 좋겠다. 더 행복해지게.

요즘 사소한 다툼이 많아진 두 형제에게 웃으며 이야기하자 갑자기 멋쩍은 듯 두 아이가 웃습니다.

큰아이: 엄마. 그…그…그건 좀 다른 거예요. 하하하.

어릴적 우리 집은 그리 넉넉하지 않았습니다.

그럼에도 불구하고 명절이면 엄마는 돼지고기를 한 근씩 담아 여러 봉지를 사오셨습니다. 그리고는 우리 형제들에게 한 봉지씩 쥐어주고 동네 어른들에게 명절 잘 보내시라는 인사를 보냈습니다. 이웃들에게 돼지고기 사서 돌릴 돈이면 우리가 먹고 싶은 치킨이라도 한 번 더 튀겨 줄 수 있을 텐데, 엄마는 그 돈을 이웃의 노인들에게 기꺼이 썼습니다.

'엄마는 동네 할머니들이 우리보다 중요한가?' 하며 내심 서운한 마음이 들기도 했습니다. 그러나 돼지고기가 담긴 봉지를 건네고 돌아올 때면 서운한 마음은 사라지고 왠지 모르게 마음이 뿌듯하고 따뜻해졌습니다. 아마 두 아이가 느낀 감정과 비슷했을 거라 생각됩니다.

엄마는 늘 우리 형제들에게 말씀하셨습니다.

"가난할 때 못 나눈 사람은 부자가 돼서도 못 나누는 법이다."

그 말은 신기하게도 내 마음 속에 저장되었습니다. 그래서 내가 나중에 좀 더 돈이 생기면, 여유가 생기면 나눠야지 하다가도 엄마의 말이 떠오르면 내가 지금 나눌 수 있는 것부터 나누자 하게 됩니다.

유대인들에도 쩨다카라는 나눔 문화가 있습니다. 식사 전 아이들에게 기부 저금통에 동전을 모으도록 합니다. 어릴 적부터 나누는 습관을 길러주는 것이지요. 유대인들에게 쩨다카는 선택이 아닌 필수입니다. 그만큼 나눔을 중요하게 여긴다는 뜻이겠지요.

유대인들은 부자가 되는 것도 다른 사람들에게 더 많이 나눠주라는 뜻으로 여긴다고 합니다. 빌 게이츠, 스티브 잡스, 마크 저커버그와 같은 세계의 유대인 부자들이 기부를 많이 하는 것을 보면 그들이 나눔

문화가 대단해 보일 뿐입니다.

여행은 아이들과 함께 다양한 나눔을 나누는 기회가 됩니다.

음식을 여행객과 함께 나눠 볼 수도 있고, 어려움에 처했을 때 도움을 나눌 수도 있습니다. 특히 동남아에는 가난하여 도움이 필요한 사람들이 많아 나눔을 실천해 볼 기회가 많습니다.

우리는 필리핀 여행에 아이들의 작아진 옷과 모자를 정리하여 가지고 갔습니다. 혹시나 필요한 아이들에게 나눠주고 싶어서였죠. 그런데 막상 누굴 줄까 고민이 되었습니다. 그러던 중 호텔의 청소하시는 분께 아이가 있냐고 여쭈어 보고 나눠드렸습니다.

청소하시는 분은 매우 기뻐하며 감사하다고 몇 번이나 인사를 했습니다. 작아서 못 입는 옷이 누군가에게 필요한 물건이 된다니 아이들도 나도 마음이 뿌듯해졌습니다.

"엄마, 다음에는 신발이랑 장난감도 가져와서 나눠줘요."

아이들은 시키지도 않았는데 또 다른 나눔을 계획했습니다.

나눔은 '언젠가는 하겠지'가 아니라 지금부터, 내가 나눌 수 있는 것부터 시작하면 됩니다. 거창하지 않아도 됩니다. 작은 것부터 나누며 기쁨을 느끼는 아이들. 난 우리 아이들이 나눔을 통하여 축복받는 삶을 살아갈 거라 믿습니다.

체험 하브루타 질문 예시

○ 세부 거리에서 무엇을 보았니?

○ 슈퍼에서 아이를 위해 살 수 있는 것은 무엇이 있었니?

○ 막탄에서 세부 백화점까지 가는 방법은 무엇이 있을까?

심화 하브루타 질문 예시

○ 아이는 왜 신발을 신고 있지 않았을까?

○ 아이의 엄마는 왜 신발을 사주지 않았을까?

○ 내가 다른 사람에게 나눌 수 있는 것은 무엇이 있을까?

○ 많이 가진 사람과 많이 나누는 사람 중에 더 행복한 사람은 누구일까? 왜 그렇게 생각해?

소감 하브루타 질문 예시

○ 아이에게 과자를 나눠줄 때 어떤 기분이었니?

○ 처음 아이를 보았을 때 어떤 마음이 들었니?

○ 오늘 하루 중 어떤 것이 가장 기억에 남니?

질문을 만들어 보세요!

○

○

○

다름을 인정할 때 존중이 시작된다

세이셸 여행 때 일입니다. 세이셸은 아프리카 인도양 북동쪽에 있는 섬으로 아프리카에서 가장 작은 나라입니다. 진기한 동물과 식물이 많아 '인도양 최후의 낙원' '아프리카 대륙의 보석' '에덴의 동산' 같은 별칭으로 불리기도 합니다. 비취빛 바다를 보고 있으면 영혼까지 맑아지는 듯한 착각이 들 정도로 아름다운 곳이었습니다.

우리는 세이셸의 바닷속 생물을 보기 위해 스노클링을 예약했습니다. 아침을 먹고, 수영복을 갈아입고 배를 타기 위해 선착장으로 향했습니다. 바닷속 생물을 본다는 호기심에 아이들은 마냥 들떠있었습니다.

선착장에 도착했는데 무슨 일인지 작은아이가 멈칫합니다. 그리고 내 뒤로 몸을 숨기고는 얼굴을 빼꼼 내밉니다. 아이를 보며 한 남자가 씩 웃고 있었습니다. 호핑 투어를 안내해 줄 선장입니다.

그는 큰 키에, 울룩불룩 다부진 근육을 가진 헐크처럼 덩치가 컸습니다. 눈썹과 머리카락은 물론 얼굴마저 숯처럼 까만 그는 유난히 하얀 이를 가진 흑인이었습니다.

아이는 흑인을 직접 가까이 보는 것이 처음이었습니다. 본인과 다른 피부색을 가진 덩치 큰 그를 보며 겁이 났는지 경계를 한 것입니다.

그는 웃으며 우리에게 반갑게 인사를 건넸습니다. 저와 인사를 주고받은 그는 작은아이가 겁먹은 것을 눈치챘는지 "아 유 오케이?" 하고 물어보았습니다. 아이는 마음이 조금 놓이는지 고개를 끄덕였습니다.

곧 우리 가족은 뱃사람들의 안내에 따라 배를 타고 바다로 나갔습니다. 그리고 바다에서 함께 스노클링을 하였습니다. 한참 스노클링을 하고 배에 다시 올라타자 그는 근처에 무인도가 있는데 한 번 가보겠냐고 제안을 했습니다. 우리는 흔쾌히 승낙을 했습니다.

그는 우리를 태우고 무인도에 가 배를 정착시켰습니다. 그리고 먼저 내려 한 사람씩 손을 잡아 배에서 내려주었습니다. 작은아이는 양쪽 겨드랑이에 손을 넣어 껑충 안아 내려주었습니다. 친절한 그에게 아이는 쑥스러운 듯 "땡큐"하고 감사함을 표현했습니다.

무인도에 도착한 우리는 해변에 있는 나무 그늘을 찾았습니다. 야자수 나무가 쭉쭉 하늘로 뻗어 있습니다. 나무 끝이 어디인가 살펴보는데 야자수들이 주렁주렁 달려있습니다. 작은아이가 손으로 가리키며 야자수 열매를 하나 따고 싶다고 이야기했습니다.

그런데 한국말도 못 하는 선장이 우리의 이야기를 알아들었나 봅니다. 손가락으로 야자수를 가리키며 하나 따주냐고 물어보는 것입니다. 우리는 깜짝 놀라 해줄 수 있냐고 물으니, 걱정 없다고 했습니다.

그는 배에 가서 칼을 하나 찾아와 허리춤에 끼우고는 나무를 기어오르기 시작했습니다.

"우와. 정글의 법칙이다."

"나도 올라가서 따보고 싶다!"

평상시 정글의 법칙을 좋아하는 아이들은 눈앞에서 나무에 직접 오르는 선장을 보고 흥분했습니다.

칼을 들고 나무 위로 올라가는 것이 불안했는데 선장은 쓱쓱 잘도 올라가기만 합니다. 한두 번 나무를 타본 솜씨가 아닌 듯 했습니다. 어느새 꼭대기에 올라간 선장은 야자수를 따 선원 쪽으로 휙 던져 주었습니다. 선원은 용쾌도 잘 받아냅니다. 선장은 하나를 더 따서 던진 후 내려와 윗부분에 칼집을 내 아이들에게 건넸습니다.

아이들은 마냥 즐겁습니다. 아이들은 야자수를 건네는 선장에게 "땡큐"하고 인사를 하며 엄지를 '척' 하고 올립니다. 선장도 아이들을 따라 엄지를 치켜세웁니다. 작은아이는 언제 겁을 먹었는지 기억도 못 하는 얼굴입니다. 아이들은 야자수를 먹으면서도 흥분을 가라앉히지 못했습니다.

"직접 따서 먹으니까 진짜 맛있다."

아이들은 평소 좋아하지 않던 야자수를 맛있게 먹었습니다. 그런 아이들을 흐뭇하게 바라보던 선장은 만나는 시간을 알려주고는 배를 타고 어디론가 떠났습니다.

오로지 무인도 안에는 우리 가족만 남게 되었습니다. 섬은 한 바퀴 돌아보는데 20분도 채 안 걸릴 정도로 작았습니다. 나는 아이들과 함께 섬을 돌아보며 하브루타 해보았습니다.

엄마: 현아. 아까 아저씨 처음 봤을 때 왜 엄마 뒤에 숨었어?

작은아이: 좀…무서웠어요.

엄마: 무서웠구나. 그런데 왜 무섭다고 생각했을까?

작은아이: 얼굴이 너무 까매서 이상해 보였어요. 몸도 크고, 나쁜 사람 같았어요.

엄마: 아저씨가 나쁜 사람 같아 보였구나. 지금도 그러니?

작은아이: 아니요. 나도 도와주고, 야자수 열매도 따주고……, 진짜 친절한 사람 같아요.

엄마: 그렇게 느꼈다니 다행이구나. 그런데 피부가 검은 건 왜일까?

큰아이: 흑인이라서 그래요. 원래 피부색이 하야면 백인, 검은 색이면 흑인, 우리나라 사람들처럼 살색이면 황인종이잖아요.

큰아이가 이야기를 했습니다.

엄마: 피부색이 다른 건 이상한 걸까?

작은아이: 처음엔 이상했는데 지금은 좋아졌어요.

엄마: 왜 좋아졌어?

작은아이: 그냥 아저씨는 친절한 사람이니까, 까매도 좋아요.

아이들과 하브루타를 나누면서 어릴 때 일이 생각나 이야기해주었습니다. 초등학교 때였습니다. 우리 동네에 무슨 일인지 외국인이 왔습니다. 어린왕자의 황금빛 머릿결이 생각나는 금발을 한 백인이었습니다.

그때 나는 집 앞 골목길에서 동생과 놀고 있었습니다. 친구가 헐레벌떡 뛰어오더니 빨리 오라며 다급하게 손짓을 했습니다. 무슨 일이냐고 묻는 내게 친구가 소리쳤습니다.

"외국인이 나타났어. 머리가 노래."

"진짜야?"

무슨 대단한 구경이라도 난 것처럼 동생과 나는 곧장 외국인이 있는 곳으로 달려갔습니다. 벌써 동네 꼬마 구경꾼들이 금발 사나이 주변에 구름떼처럼 몰려 있었습니다.

금발 사나이는 웃으며 구경꾼들에게 악수를 청했습니다. 그러나 아이들은 수줍은 듯 친구 등 뒤로 숨어 서로를 앞으로 떠밀었습니다. 선뜻 악수를 하는 아이는 없었습니다. 그때, 동생이 앞으로 나가 악수를 했습니다. 그러자 다른 아이들도 용기가 났는지 하나둘씩 손을 내밀기 시작했습니다. 구경꾼들은 금세 그의 열성팬이 된 듯했습니다. 금발 사나이는 그렇게 열성팬들과 악수를 한 번씩 나누고는 가던 길을 갔습니다. 지금 생각해보면 웃음만 나는 일입니다.

나와 친구들은 왜 금발 사나이를 구경하러 간 걸까요? 당시 외국인을 직접 볼 기회는 흔치 않았습니다. 텔레비전에서나 볼 수 있는 정도였습니다. 아마도 그런 외국인을 보는 호기심, 기대감이 컸던 거 같습니다.

사람들은 나와 다른 것에 대해 두 가지 반응을 보입니다.

호기심, 기대감 같은 긍정적인 반응을 보이거나, 두려움, 거부감 같은 부정적인 반응을 보입니다. 이때 사회나 개인의 문화, 관습, 교육, 가치관 등에 따라 영향을 받습니다.

우리나라는 예로부터 한 민족으로 공동체의 문화를 중요하게 여겼습니다. 한 개인의 개성보다는 공동체 즉, 속해있는 집단의 특성이 더 중요했지요. 한마디로 튀는 걸 좋아하지 않습니다.

만약 집단에서 개성 있는 행동으로 눈에 띈다면 어떨까요? 힐끔힐끔 쳐다보거나, 뒤에서 수군거리며 그 사람을 유별난 사람으로 여깁니다. 심지어는 차별을 하고, 외톨이로 만드는 경우도 있습니다. 개인의 개성을 존중하지 않는 것이죠.

가정에서도 마찬가지입니다. 어릴 적부터 '남자는 울면 안 된다'고 가르칩니다. 남자는 파란색 옷을, 여자는 분홍색을 입혀 키웁니다. 남자는 머리가 짧아야 멋있고, 여자는 길어야 예쁘다고 생각을 합니다. 분홍색을 좋아하거나, 머리를 기르고 싶어 하는 남자아이에게는 '고추 떨어진다'는 무서운 말로 아이의 개성을 무시해버립니다. 이러한 문화와 교육이 고정관념이 되고, 편견이 되는 것이죠.

물론 고정관념과 편견이 무조건 나쁜 것은 아닙니다. 공동체를 중요시 여기는 우리의 고정관념이 IMF 외환 위기, 태안 기름 유출 사건과 코로나19와 같은 어려움이 생길 때마다 자발적인 성금과 지원으로 이겨내는 힘이 되기도 하니까요.

다만 고정관념과 편견이 문제가 되는 이유는 개인의 생각과 행동을 왜곡시키고, 차별을 하게 만들 수 있기 때문입니다.

우리 사회는 급변하고 있습니다. 단일 민족이었던 우리나라에도 많은 다문화 가정이 생겼습니다. 가족의 형태도 한부모가정, 조손가정, 입양가정 등 다양해졌습니다.

세계는 지구촌 한마을이라는 말을 쓸 정도로 가까워졌습니다. 비행기로 하루면 세계 어디든 못 가는 곳이 없습니다. 세계에는 인종, 종교, 문화, 언어, 취향 등이 서로 다른 다양한 사람들이 살아갑니다. 우리는 그들과 일적으로든 사적으로든 관계를 맺는 경우가 많아졌습니다.

그렇다면 이러한 시대를 살아가는 우리 아이들에게 필요한 것은 무엇일까요?

저는 존중이라고 생각합니다. 이는 나와 다름을 이해하는 것에서부터 시작합니다. 그러기 위해서는 나와 다른 사람, 다양한 문화를 많이 경험해보는 것이 좋습니다. 백인도, 흑인도 직접 만나보면 세상에는 다양한 피부색을 가진 사람이 있음을 바로 이해할 수 있습니다.

발리에 가면 힌두교 사원이, 태국에 가면 불교 사원이 많은 것을 보고 그 나라의 종교를 이해할 수 있습니다. 굳이 가르치지 않아도 직접 경험하면 이해도 쉬운 법입니다.

나와 다름을 이해하면 다양성을 인정하고, 존중할 수 있게 됩니다. 흑인을 만난 아이가 경험을 통해 검은 피부색을 가진 사람이 있다는 것을 이해하고, 다양한 피부색 중에 하나라고 인정을 하게 된 것처럼 말입니다.

아이는 그 이후 흑인을 보며 이상한 사람으로 여기거나, 나쁜 사람이란 의심을 하지 않았습니다. 피부색이 다른 그 누구를 만나도 '헬로우' 하며 자연스럽게 인사를 나누게 되었습니다. 피부색과 상관없이 나와 같은 사람으로 존중하게 된 것이지요.

이때, 부모의 가치관과 태도도 중요합니다. 아이들은 부모의 눈으로 세상을 보기 때문입니다. 부모가 편견을 가진 말과 행동을 하면 아이도 자연스럽게 편견을 가지기 쉽습니다. 부모가 흑인을 '깜둥이'라고 비하하는 모습을 보인다면, 여행의 경험 속에서 아이는 고정관념과 편견을 갖게 될 수 있습니다.

세상에는 서로 다른 많은 것들이 있습니다. 그래서 세상이 더욱 아름답고, 소중하게 느껴집니다. 다양성을 존중하는 것은 행복과도 연결됩니다. 함께 어울려 살아갈 수 있기 때문이지요.

아이들에게 존중의 눈으로 세상을 바라볼 수 있게 도와주세요!

세상의 다양한 사람들과 어울려 살아갈 수 있는 삶의 가치관과 태도가 아이를 더욱 행복하게 살아가게 할 거라고 믿습니다.

체험 하브루타 질문 예시

○ 세이셸에서 살고 있는 사람의 피부색은 무엇이니?

○ 세이셸 바다에서 본 것은 무엇이니?

○ 야자수를 따는 방법은 무엇이니?

○ 무인도 섬에서 본 것은 무엇이니?

심화 하브루타 질문 예시

○ 야자수를 따는 다른 방법은 무엇이 있을까?

○ 세이셸 사람들은(세상에는) 어떤 인종들이 살고 있을까?

○ 무인도에서 살아남는 방법은 무엇이 있을까?

○ 피부색이 달라서 차별을 하는 것은 어떤 것 같니?

소감 하브루타 질문 예시

○ 흑인 아저씨들과 함께 하루를 보내보니 어떤 생각이 들었니?

○ 무인도에서 시간을 보내보니 어떤 기분이 들었니?

○ 오늘 하루 중 어떤 것이 가장 기억에 남니?

질문을 만들어 보세요!

○

○

○

몸으로 익히는 에티켓이 진짜다

'꽃보다 할배'라는 TV 프로그램이 있었습니다. 할배들과 배우 이서진이 떠나는 좌충우돌 배낭여행 이야기로 당시 선풍적인 인기를 끌었습니다. 연이어 꽃보다 누나, 청춘 시리즈가 방영되었고, 이 또한 많은 사랑을 받았습니다.

그러던 중, 꽃보다 청춘 출연진들의 비매너 행동으로 논란이 된 적이 있습니다. 출연진들이 목욕가운을 입고 조식을 먹으러 가고, 수영장에서 팬티를 벗은 채 수영을 했기 때문입니다. 방송이 나간 뒤 시청자들은 많은 항의를 했다고 합니다. 국제적 망신이었다는 것이지요.

직접 방송을 보지 못했지만, 인터넷 뉴스로 접한 저 또한 부끄러운 마음이 들었습니다. 특히 출연진 중에 예의바른 이미지로 사랑받는 배우가 있어 더욱 놀랐습니다.

'촬영팀, 제작팀, 편집팀 등 많은 사람들이 함께 보았을 텐데, 비매너 행동에 문제의식을 가진 사람들은 아무도 없었을까?', '청년들은 자신들의 행동이 예의에 어긋나는 행동이라는 생각을 했었을까?' 궁금하기까지 했습니다. 이후 제작진들의 사과가 있었음에도 한동안 시청자들의 비난은 계속되었습니다.

청년들은 왜 그랬을까요? 시청자들에게 재미를 주고 싶었을 겁니다. 그 욕심이 크다 보니 호텔에서 지켜야 할 에티켓까지 생각 못 했을 겁니다. 상황과 장소에 따라, 특히 여행지에서 지켜야 할 에티켓이 있음에도 말이죠.

싱가포르 여행을 갔을 때입니다. 비행기를 타고 지루하게 느껴질 무렵 기내방송이 나오기 시작했습니다. 곧 싱가포르 창이 국제공항에 도착한다는 내용이었습니다. 그런데 안내방송을 듣던 저는 갑자기 당황했습니다. 이유인즉, 싱가포르는 껌이 반입 금지이니 신고물품에 신고하라는 것입니다.

"껌 반입이 되지 않는다고요?"

"껌을 왜 가지고 가면 안 돼요?"

아이들도 놀라기는 마찬가지였습니다.

껌이 반입 금지라는 사실을 몰랐기에 우리는 더욱 놀랐습니다. 더군다나 제 가방에는 껌이 떡하니 들어있으니 머릿속이 하얘질 수밖에요. 비행기 이착륙시 껌을 씹으면 기압차로 생기는 귀 통증을 줄일 수 있습니다. 그래서 여행 때마다 항상 껌을 가지고 다닙니다.

한 번도 신고물품을 신고해본 적이 없어 걱정이 되었습니다. 그러나 다행히 비행기에 놓고 내리면 된다는 승무원 말에 나는 얼른 껌을 승무원께 드렸습니다.

"왜 껌이 반입금지일까요?"

아이들도 저도 너무 궁금해서 승무원에게 질문을 했습니다.

"싱가포르는 거리 환경 문제로 껌 반입이 금지되고 있습니다."

"거리 환경 문제요?"

"네, 껌을 판매하는 것도 금지 되어 있습니다. 껌을 뱉다가 경찰에 걸리면 벌금이 상당하니 유의하셔야 합니다."

"감사합니다."

승무원의 이야기를 들은 나와 아이들은 어느새 자연스럽게 하브루타를 하고 있었습니다.

엄마: 왜 껌을 반입 금지하게 되었을까?

큰아이: 사람들이 거리에 껌을 많이 뱉었을 거 같아요. 그래서 자꾸 더러워지니까 금지한 거 같아요.

엄마: 사람들은 왜 거리에 껌을 뱉었을까?

큰아이: 거리에 휴지통이 없었을 수도 있어요.

싱가폴 >
껌 NO?

작은아이: 껌을 못 씹으면 풍선껌도 못 불어보고 아쉬울 거 같아요.

엄마: 진짜 그렇겠다. 풍선껌 불기는 정말 재미있는데. 껌을 씹을 때 지켜야 할 예절은 무엇이 있을까?

큰아이: 껌을 종이나 휴지에 싸서 휴지통에 버려요.

작은아이: 껌을 손으로 만지면서 씹지 않아요. 친구가 손으로 만지면서 씹는 거 보니 좀 더러워보였어요

우리는 짐을 찾아 택시를 타고 호텔로 향했습니다.

큰아이: 엄마, 밖에 좀 보세요. 껌을 안 씹어서 그런지 진짜 깨끗해요.

싱가포르는 정말 깨끗했습니다. 거리에 쓰레기 하나 떨어져 있지 않았습니다. 싱가포르는 도시 전체가 깨끗하게 정돈되고, 예쁘게 꾸며진 모델하우스 같았습니다.

호텔에 도착한 나는 와이파이를 연결하여 싱가포르에서 지켜야 할 에티켓을 찾아보고 아이들에게 설명해주었습니다. 싱가포르 사람들은 깨끗한 것을 좋아하고 에티켓을 매우 중시한다고 합니다. 그래서 꼭 지켜야 할 에티켓을 법으로까지 규정하고 있었습니다.

거리에 침 뱉기부터 쓰레기 버리기, 무단횡단, 대중교통에서 음식물 먹기까지 종류도 다양합니다. 이색적인 것은 상의를 벗은 채 내 집을 돌아다니다 창문을 통해 다른 사람 눈에 띈다면 징역 3개월까지 처벌받는다고 합니다. 물론, 관광객들도 포함입니다.

다른 사람들에게 불편을 줄 수 있는 행동들을 법으로 처벌한다니 싱가포르 사람들이 얼마나 에티켓을 중시하는지 알 것 같았습니다.

'글로벌 에티켓 글로벌 매너'라는 책에는 에티켓의 근원을 두 가지 가설로 소개하였습니다.

첫 번째로, 루이 14세는 베르사유 궁에 화장실을 만들지 않았습니다. 아름다운 정원을 가지고 싶은 이유였습니다. 그로 인해 궁에 출입하는 사람들은 어쩔 수 없이 정원에서 몰래 생리현상을 해결해야 했습니다. 베르사유의 아름다운 정원은 이 오물 때문에 훼손될 정도였다고 합니다.

이를 관리하는 정원 관리사가 정원에 들어가지 말라는 호소문을 말뚝에 박아 세워놓았다고 합니다. 이 말뚝이 '에스띠끼에로' 에티켓이란 용어의 기원이 되었다고 합니다.

두 번째로, 루이14세 어머니 안 도트리시아는 궁에 출입하는 귀족이나 각국 대사관들에게 궁전에서 지켜야 할 예식과 절차를 적은 종이를 나눠주었다고 합니다. 이 종이가 '티켓'이었습니다.

티켓을 받은 귀족들은 궁에 출입할 수 있었고, 궁에서 지켜야 할 예법을 따랐습니다. 티켓에는 초청장, 입장권의 의미도 있었습니다. 17세기 프랑스 궁전의 예법에 대한 지침서인 '티켓'이 에티켓으로 의미가 전이되었다는 가설입니다.

에티켓이란 사회생활에서 겪는 모든 상황과 장소에서 취해야 할 바람직한 행동입니다. 즉, 다른 사람에게 불편을 주지 않고, 호감을 주는 마음과 태도이지요. 그런데 에티켓의 행동양식은 국가와 문화, 전통에 따라 달라집니다. 껌을 씹고 뱉는 것에 자유로운 나라가 있는 반면 법으로 금지하는 나라도 있듯이 말입니다. 그래서 집, 학교, 책에서 배우기에는 한계가 있습니다.

여행은 다양한 에티켓을 직접 배울 수 있는 실습장과 같습니다.

지켜야 할 에티켓이 무엇인지 알고, 직접 실천해 볼 수 있는 기회를 주기 때문입니다. 이러한 기회를 통해 반복적으로 에티켓을 실천할 때, 자연스럽게 습관이 될 수 있습니다.

에티켓은 원만한 인간관계를 위해서 공동체 구성원 간에 합의한 사회적 약속이기도 합니다. 다른 사람과 좋은 관계를 맺고, 유지하기 위해 꼭 필요한 기본 소양이지요. 그래서 우리 아이들이 자라면서 꼭 지녀야 할 마음과 태도입니다.

특히 글로벌 시대를 살아갈 우리 아이들은 다양한 나라와 문화의 에티켓을 익히는 것도 필요합니다. 이러한 에티켓은 단기간에 익힐 수 있는 것이 아닙니다. 배우고, 잘 지키는 데는 시간이 오래 걸립니다. 그래서 어릴 때부터 다양한 에티켓 문화를 경험하고, 실천해보는 것이 도움이 됩니다.

그러면 여행지에서의 에티켓 교육을 어떻게 해야할까요?

첫째, 여행지에서 지켜야 할 에티켓을 미리 하브루타 하며 알아봅니다.

박물관, 식당, 호텔과 같이 장소에 따라 지켜야 할 에티켓이 다르기 때문입니다. 특히 다른 나라로 여행을 할 때는 미리 그 나라의 에티켓 문화를 알아보는 것이 필요합니다. 문화적 차이로 인해 실수를 하거나, 꽃청년들처럼 무례한 한국인이 될 수 있기 때문입니다. 싱가포르의 경험을 거울삼아 다음 여행에서는 그 나라의 에티켓 문화를 꼭 찾아보고 하브루타를 하고 있습니다.

해외뿐만 아니라 아이들과 함께 가는 곳 어디든지 미리 하브루타를 하면 좋습니다. 아이들도 장소에 따라 어떻게 행동해야 할지 미리 생각해볼 수 있어 공공질서를 더 잘 지킵니다.

"박물관에서 지켜야 할 에티켓은 무엇이 있을까?", "호텔에서 지켜야 할 에티켓은 무엇이 있을까?" 등 간단한 질문이지만 스스로 생각을 해본 아이들의 태도에는 분명 차이가 있습니다.

둘째, 부모부터 에티켓을 지켜야 합니다.

부모는 아이의 거울입니다. 그만큼 부모의 행동과 말은 아이들에게 많은 영향을 준다는 뜻이지요. 아이들에게 부모는 절대적이고 큰 존재입니다. 그래서 부모가 하면 똑같이 해도 괜찮다고 여기지요. 부모가 무단횡단을 하면 자연스럽게 아이들은 무단횡단을 해도 된다고 여깁니다. 그래서 부모의 본보기가 중요합니다. 호텔에서, 식당에서, 관광지에서 자연스럽게 에티켓을 지키는 모습을 보여주세요.

사진을 찍는 사람이 있을 때는 잠시 멈추거나, 뒤로 돌아갈 수 있습니다. 이때, "사진 찍으니까 우리 잠깐 기다려 줄까?", "뒤로 돌아가 주자"라고 말하며, 이유를 설명해주면 더욱 좋습니다.

셋째, 다른 나라의 에티켓을 존중해야 합니다.

다른 나라와 우리나라의 생활양식과 문화는 다릅니다. 그래서 나라마다 에티켓 문화도 다릅니다. 프랑스에서는 택시를 탈 때 앞좌석에 타는 것이 실례입니다. 반드시 사전에 양해를 구해야 합니다. 이탈리아에서는 소금과 후추를 다른 사람 손에 직접 전달하면 안 됩니다. 식탁 앞에 놓아주어야 합니다. 태국에서는 다른 사람의 머리를 쓰다듬으면 안 됩니다. 머리에 신성한 기운이 있다고 믿기 때문입니다. 우리나라에서 흔히 하는 일들이 다른 나라에서는 예의에 어긋나는 행동이 될 수 있습니다.

특히, 종교와 관련된 에티켓은 매우 예민합니다.

종교는 그 나라의 정신이기 때문입니다. 여행지에서 그 나라의 문화와 종교를 무시하는 행동은 무례를 떠나 위험한 행동이기도 합니다. 로마에 가면 로마법에 따라야 합니다. 다른 나라의 문화를 존중하며 그 나라의 에티켓을 지키는 것. 여행자로서 갖춰야 할 자세이기도 합니다.

'바른 예절은 최고의 교육도 열 수 없는 문을 연다.'

클라렌스 토마스가 말했습니다. 세상은 사람과 사람이 살아가는 곳입니다. 결국 얼마나 많은 지식을 알고 있느냐보다 다른 사람들과 어떻게 관계를 맺으며 살아가느냐가 더 중요한 것입니다.

예절은 관계를 맺어주는 동아줄과 같습니다. 동아줄이 튼튼할수록 다른 사람들과의 관계가 더욱 돈독해집니다. 어릴 때부터 예절을 몸에 익히는 것은 동아줄을 엮는 것과 같습니다. 반복하여 몸에 익힐수록 더욱 튼튼한 동아줄이 됩니다. 아이들에게 튼튼한 동아줄을 엮을 다양한 기회를 주시길 바랍니다.

체험 하브루타 질문 예시

○ 박물관(싱가포르)에서 지켜야 할 에티켓은 무엇이 있을까?

○ 껌을 씹을 때 지켜야 할 예절은 무엇일까?

○ 껌 반입이 안되는 이유가 무엇이었니?

심화 하브루타 질문 예시

○ 왜 사람들과 에티켓을 지켜야 할까?

○ 왜 나라마다 지켜야 할 에티켓이 다를까?

○ 싱가포르는 왜 껌을 씹지 못하게 했을까?

○ 껌을 씹으면서도 거리를 깨끗하게 하는 방법은 무엇이 있을까?

소감 하브루타 질문 예시

○ 껌이 반입이 안 된다고 했을 때 어떤 기분이 들었니?

○ 싱가포르 거리를 보니 어떤 생각이 들었니?

○ 에티켓을 지킬 때 어떤 마음이 드니?

○ 에티켓을 지키지 않는 사람을 보면 어떤 마음이 드니?

질문을 만들어 보세요!

○

○

○

경험이 아이를 용기있게 만든다

제주 한 달 살기 할 때 일입니다. 제주에 사는 친구가 추천해준 용눈이오름이 너무 좋아서 아이들과 제주의 유명 오름들을 함께 올라보기로 했습니다. 오름이란 분화구가 있는 작은 화산체로 생김새는 산과 비슷하지만 분화구가 있는 것이 특징입니다. 제주도에 무려 368개가 있어 제주도를 오름의 왕국이라고도 부릅니다.

가을의 오름은 솜털 이불을 덮은 것처럼 온통 억새로 뒤덮입니다. 햇빛을 받은 억새는 반짝반짝 황금빛으로 빛나고, 바람에 살랑살랑 흔들리는 모습을 보면 마음까지 절로 설레입니다. 이런 억새의 풍경들을 바라보는 것만으로도 오름 산길은 행복합니다.

우리가 용눈이오름, 산굼부리 다음으로 선택한 오름은 새별오름이었습니다. 당시 제주도에 살면서 소길댁 이효리 씨가 블로그에 새별오름을 극찬한 이후 실검에 뜰 정도로 관심을 받은 곳이라 가보고 싶어졌기 때문입니다.

아이들에게 새별오름을 가보기를 제안하자 오름에 푹 빠진 아이들은 당장 가보자며 흔쾌히 승낙을 했습니다. 아이들과 함께 차를 타고 새별오름을 향하여 가고 있는데 멀리서 새별오름이 보이기 시작했습니다. 멀리서 봐도 이제까지 다녀온 오름보다 꽤 높아 보였습니다.

"애들아, 저기가 우리가 오늘 올라갈 새별오름이야. 어때?"

"엄마, 저기요? 저 높은 데를 올라가자고요?"

아이들은 눈이 휘둥그레졌습니다.

오름에 갈 때마다 좋아하며 368개의 오름을 다 올라가보자는 아이들이었지만, 새별오름은 아이들에게 무척 높아 보였나 봅니다. 멀리서 볼 땐 그나마 이제까지 다녀온 오름보다 높다 싶은 정도였는데 막상 주차장에 주차를 하고 내려서 바라 본 새별오름은 고개를 뒤로 젖혀야 그 끝이 보일 정도로 높기도 하고, 경사도 컸습니다.

특히나 4살이었던 작은아이가 바라볼 땐 새별오름은 백두산처럼 높게 느껴졌을 것입니다. 작은아이는 지레 겁을 먹고 자꾸 내 옷을 잡아당기며 다시 집에 가자고 했습니다. 난감해졌습니다. 단지 유명해진 곳이 가보고 싶어 왔을 뿐 아이들을 생각하지 못한 것 같아 미안해졌습니다. 그래도 그냥 돌아가기는 또 아쉬웠습니다.

"엄마 생각엔 여기까지 왔으니 한 번 올라가보는 게 좋을 거 같은데 어때? 그냥 돌아가면 아쉽잖아. 응?"

아이들은 한참 망설였지만 엄마의 간곡한 설득에 큰아이가 먼저 용기를 냈습니다.

"우리 각오 단단히 하고 한 번 올라가 봐요."

큰아이는 동생에게 엄마와 함께 올라오라고 하더니 먼저 쌩하고 황금빛 억새 속으로 뛰어 들어갔습니다. 형이 뛰어가자 작은아이도 용기를 내어 발걸음을 옮기기 시작했습니다. 그러나 조금 올라가더니 힘들었는지 평소 안 하던 투정을 부리며 땅바닥에 주저앉아 버렸습니다.

"엄마, 나 힘들어서 못 가. 업어줘."

처음에는 그래도 걸어 다닐만 했는데 갈수록 경사가 급해지다보니 힘이 들었나봅니다. 어떻게 해야 하나 잠시 고민을 하다 아이 옆에 앉아 이야기를 했습니다.

엄마: 현이가 많이 힘들었구나. 형은 벌써 저만큼 갔는데 어떻게 하면 좋지?

작은아이: 형 불러서 집에 가요.

엄마: 형은 저만큼 올라가서 엄마가 형 데려오려면 네가 여기서 한참 기다려야 하는데 괜찮겠어? 아님, 힘내서 조금만 더 올라가볼까? 꼭대기 올라가서 내려다보면 뭐가 보이나 궁금한데.

작은아이: 나 힘들어서 못 가. 다리가 아파!

작은아이는 입을 삐쭉거리며 투정을 부렸습니다.

엄마: 우리 현이는 할 수 있어. 엄마가 업어주지는 못하지만, 손잡아 줄게. 포기하지 않으면 할 수 있어. 조금만 용기 내서 가볼까?

작은아이: 조금만 힘내서 영차영차 가볼게요.

엄마의 격려와 기다림이 통했는지 작은아이는 망부석처럼 앉아 버티더니 갑자기 벌떡 일어나 올라가기 시작했습니다. 한참을 올라가더니 다리에 힘이 풀렸는지 계속 넘어지기 시작했습니다. 바지가 온통 흙투성이가 되었습니다. 넘어지고, 일어나 몇 걸음 가다 또 넘어지는 아이를 보며 안쓰럽고도 대견스러웠습니다.

그래도 엄마가 업어주지 않을 거라는 것을 알아서인지 더 이상 업어달라고 하지 않았습니다. 먼저 올라간 큰아이는 우리를 향해 응원을 해주었습니다.

"엄마. 힘내! 현아, 잘하고 있어. 힘내! 조금 남았어!"

큰아이의 응원에 힘입어 우리는 드디어 새별오름 정상에 올랐습니다.

"엄마, 저기 좀 내려다봐요. 엄청 좋지요?"

"엄마. 난 여기 싫어, 너무 힘들어."

작은아이 말에 큰아이와 나는 귀여워 한참 웃었습니다.

"제주도에서 제일 높은 데가 어디예요?"

"제일 높은 데는 한라산이지."

"나 한라산도 올라갈래요."

큰아이는 높은 새별오름을 오르더니 자신감이 생겼는지 한라산을 올라가보겠다는 포부를 밝혔습니다.

"한라산은 새별오름보다 훨씬 높은데 갈 수 있겠어?"

"엄마, 걱정 마세요. 할 수 있어요."

형의 용기 있는 도전을 듣던 작은아이도 덩달아 말했습니다.

"엄마, 나도 한라산 갈 수 있어. 나도 갈래."

"정말?"

아이들의 말이 놀랍기도 하고 울컥하는 마음도 들었습니다.

단지 오름을 올라왔을 뿐인데 아이들은 그 과정에서 겪은 시련을 극복하면서 성취감을 느꼈고 도전하는 마음까지 생긴 것입니다. 경험이 아이들을 용기 있게 만들어 주었습니다.

오르는 것에 겁먹은 4살 아이에게 '포기하지 않으면 할 수 있어' 하고 말하는 내 자신이 엄마로서 너무 냉정한가 싶은 생각도 들었습니다. 그러나 우리 아이들에게는 앞으로 혼자 걸어가야 할 길과 스스로 해결해야 할 수많은 일들이 생길 것입니다. 기쁜 일만 있으면 좋으련만 힘들고, 어려운 일도 분명 있을 것입니다. 그럴 때 이러한 경험들이 쌓여 아이들이 두려워하지 않고, 당당히 헤쳐나갈 수 있기를 바라는 엄마의 마음이었던 것 같습니다.

부모의 등에 업힌 채로 부모의 발로 세상을 내딛는 아이와 자신의 발로 한 발자국이라도 내딛어 본 아이는 분명 다를 거라 저는 믿습니다. 다 포기하고 싶어 주저앉았다가 다시 일어나 내딛은 작은아이의 용기 있는 그 발걸음은 아마 아이에게 많은 의미로 남을 것입니다. 그 한 걸음을 시작으로 두 걸음 세 걸음 자신이 원하는 곳으로 나아갈 수 있을 거라 믿습니다.

요즘 유치원의 아이들을 보면 조금 걱정이 됩니다.

조금이라도 어려워 보이거나 힘이 들면 얼굴이 금세 울상이 되어 "선생님, 못해요"부터 외치는 아이들이 많습니다. 분명 예전 아이들에 비해 키도 크고, 한글부터 덧셈, 뺄셈까지 척척 하는 똑똑한 아이들인데 조그마한 어려움에도 쉽게 좌절하고 포기합니다.

인지적인 학습 능력은 뛰어남에도 불구하고, 문제 해결 능력과 자기 관리 능력은 부족한 것입니다. 육아정책연구소의 영유아 사교육 실태 보고서(2017)를 보면 2세 아동의 36%, 5세 아동의 84%가 사교육을 받고 있다고 하니 가히 충격이 아닐 수 없습니다. 두 살배기 아이들 3명 중 1명이 사교육을 받고 있는 셈입니다. 아직 말도 제대로 안 배웠을 아이들이 사교육을 하고 있다니 씁쓸합니다.

사교육으로 어릴 적부터 한글과 영어를 배운 아이들은 인지 능력이 뛰어날지 모르나, 위기상황에서 문제 해결을 하거나 자기를 관리하는 능력은 배우지 못합니다.

영유아 시기(만 4~6세)에는 전두엽이 활발히 발달되는 시기입니다. 전두엽은 만 4~6세 때 발달하기 시작하여 만 15~20세 전후까지 발달하는 것으로 알려졌습니다. 전두엽은 뇌에서 이성적인 판단을 하게 하고, 감정과 행동을 조절하고 실행하는 능력에 영향을 줍니다. 이러한 전두엽이 잘 발달되지 않으면 충동적이거나, 이성적인 판단이 어려운 사람이 됩니다. 또 감정과 행동 조절, 실행 능력이 부족하여 학업에도 영향을 미치게 됩니다.

전두엽은 오감을 이용하여 끊임없이 생각하고 상상할 때 발달합니다. 오감을 통한 다양한 경험을 하다 보면 문제를 어떻게 해결해야 하는지 알게 됩니다. 무엇을 해야 하는지 계획을 세우고 실천해보면서 전두엽이 발달하는 것입니다.

아이들이 학원이 아닌 세상으로 나가 길 위에서 오감을 통해 직접 경험해 봐야 하는 이유입니다. 오름을 오르다 넘어지면 다시 일어나 흙을 털고 앞으로 나가는 방법을 알고, 오름의 높이에 겁이 나 포기하고 싶었지만 다시 용기 내어 앞으로 나가보는 경험을 해봐야 합니다. 그렇게 포기하지 않고 용기내며 나아갔을 때 비로소 정상에 오르는 기쁨을 맛볼 수 있는 것입니다.

여행을 하다보면 뜻하지 않는 고난과 위기를 맞이하게 됩니다. 날씨, 체력, 건강상의 문제 등 여러 가지 예측하지 못한 일들을 겪습니다. 이러한 고난들을 아이에 맞춰 부모가 다 해결해주는 것은 좋지 않습니다. 어떻게 해결해야 하는지 아이들과 함께 의논하고, 아이들이 직접 실행해보는 경험이야말로 우리 아이들이 삶 속에서 꼭 배워야 할 산 지식인 것입니다.

고난과 위기가 다가왔을 때 포기해버리면 고통으로 남지만, 그것을 이겨내고 앞으로 나아간다면 성공의 기회가 되는 것입니다. 용기 있는 자만이 고난이 주는 선물을 받을 수 있습니다.

아이들에게 다양한 고난을 이겨낼 수 있도록 기회를 주고, 성공의 기쁨을 맛보게 하십시오! 그 용기 있는 경험이 아이들을 더 단단하고 내실 있게 자라게 해 줄 것입니다.

체험 하브루타 질문 예시

○ 새별오름을 올라가며 무엇을 보았니?

○ 새별오름 정상에서 내려다보이는 풍경은 어땠니?

○ 새별오름을 오를 때 가장 힘들다고 느껴진 것은 언제였니?

심화 하브루타 질문 예시

○ 포기하고 싶다고 생각한 일은 무엇이 있니?

○ 만약 새별오름을 오르다가 포기했었다면 어땠을 것 같니?

○ 나에게 새별오름처럼 높게 느껴지는 일이 있다면 무엇이 있니?

○ 나에게 용기란 무엇일까?

소감 하브루타 질문 예시

○ 새별오름을 처음 보았을 때 기분이 어땠니?

○ 형이 응원해줄 때 어떤 기분이 들었니?

○ 어려움을 참고 용기를 내보았을 때 어떤 마음이 들었니?

○ 새별오름 정상에서 어떤 생각을 했니?

질문을 만들어 보세요!

○

○

○

여행은 진정한 행복의 의미를 찾는 시간이 된다

사람은 언제 행복을 느낄까요? 저는 가끔씩 행복에 대해 고민에 빠질 때가 있습니다. 어느 날은 별거 아닌 작은 일에도 행복을 느끼다가도, 어느 순간 다른 사람들이 부러워하는 상황임에도 전혀 행복을 느끼지 못할 때가 있기 때문입니다.

저는 이런 고민에 빠질 때마다 여행을 떠납니다. 여행은 행복을 새롭게 바라보게 하고, 진정한 의미를 찾아주기 때문입니다. 필리핀 모알보알 여행이 우리에게 그랬습니다.

모알보알은 거북이 알이란 뜻을 가진 세부의 서부해안에 위치한 작은 마을입니다. 세부 막탄에서 3시간가량 차를 타야 갈 수 있습니다. 모알보알은 푸른 바다 속을 유유히 헤엄치는 바다거북과 수천 마리의 은빛 정어리떼를 볼 수 있어 다이버들에게 인기가 많은 곳입니다.

작은아이가 거북이를 직접 보고싶어해서 모알보알 투어를 신청하였습니다. 투어는 깊은 새벽에 출발했습니다. 작은아이가 아침잠이 많아 걱정이 되었습니다. 그러나 거북이를 보겠다는 마음에 들떠서 벌떡 일어나 잘도 따라나섭니다.

"학교 갈 때는 엄마가 일어나라고 몇 번을 말해도 일어나지도 않더니, 오늘은 벌떡 일어나네."

"그럼요, 내가 좋아하는 바다거북 보러 가잖아요."

아이가 환하게 웃음을 지으며 말했습니다.

3시간가량 차를 타고 투어 회사가 운영하는 모알보알 캐빈에 도착했습니다. 그곳에서 아침 식사로 컵라면을 먹으며 안내를 기다렸습니다.

우리 팀 가이드라고 소개한 샘이 다가왔습니다.

그는 파도가 높아져 선착장의 배 운항이 전면 중단되었다고 알려주었습니다. 마른 하늘에 날벼락이었습니다. 할 수 없이 우리는 기다려보기로 했습니다. 멀리까지 와서 바다거북을 못 볼까 작은아이는 걱정이 이만저만이 아니었습니다.

한 시간이 훌쩍 지났습니다. 다행히 배 운항이 다시 허가됐다는 소식을 듣고 우리는 설레이는 마음으로 선착장에 갔습니다. 바다를 보니 하얀 파도가 예사롭지 않았습니다. 선착장에 있는 필리핀 전통 배인 방카들이 넘실넘실 파도와 함께 춤을 추는 것 같았습니다.

물을 무서워하는 저는 겁이 나 샘에게 말했습니다.

"파도가 아직 높네요. 너무 위험할 것 같은데 취소해야 되는 거 아닐까요?"

샘은 다른 배들도 모두 출발하니 괜찮다며 안심시켰습니다. 그러나 파도 때문에 선착장 가까이 방카를 정착하는 일도 쉽지 않습니다. 배가 올라갔다 내려왔다 시소를 탔습니다. 그러던 중 갑판 위의 선원이 중심을 못 잡고 그만 바다로 풍덩 빠져버렸습니다.

아이들과 나는 깜짝 놀라 토끼 눈처럼 눈이 휘둥그레졌습니다. 혹시 어떻게 될까봐 걱정하는 우리와 달리 선원들은 깔깔대고 웃었습니다. 진짜 시소를 타는 것처럼 재밌다는 듯이……. 그렇게 몇 번을 물에 빠지며 배를 대는 데 30분이 훌쩍 지나갔습니다.

파도가 높아 선착장에 배를 어렵게 정착시키는 것을 보면서 저는 걱정이 태산 같았습니다. 긴 시간 동안 배와 씨름하고 있는 선원들을 보며 안쓰럽기도 하고, 한편으론 물에 계속 빠지면서도 낄낄대며 웃는 선원들이 의아해 보였습니다.

큰아이: 엄마, 저 사람들은 재밌나봐요. 나 같으면 힘들어서 짜증날 거 같은데…….

저와 비슷한 생각이 들었는지 큰아이가 먼저 말했습니다.

엄마: 그러게. 힘든 상황인데 서로 웃으며 일하네. 왜 그럴까?

아이는 대답도 없이 무엇인가를 생각하는 듯 선원들을 바라보았습니다. 선원들을 바라보는 아이의 표정이 진지했습니다. 아이의 생각이 궁금했지만 배에 올라타라는 선원들의 손짓에 우리는 배를 타러 갔습니다. 마침내 바다거북을 보러 갈 수 있게 된 것입니다.

걱정했던 것처럼 파도는 높고 바닷물은 흙탕물처럼 뿌옇게 흐려져 있었습니다. 샘이 먼저 바닷물에 들어가 거북이 있는 곳을 살펴본 후 우리를 안내하였습니다.

몸집이 커다란 바다거북이 유유히 헤엄치고 있었습니다.

제법 빨랐습니다. 우리는 헬퍼들의 도움으로 바다거북을 따라 헤엄치며 거북이를 보았습니다. 바닷속에서 헤엄치는 거북이를 처음 보는 우리는 정말 신기할 따름이었습니다.

그러던 중 갑자기 파도가 밀려와 순식간에 우리는 저만큼 떠밀려 내려갔습니다. 아이들도 저도 순간 겁이 났습니다. 아쉽지만 안전을 생각해 바다에서 나오기로 했습니다. 샘은 우리를 바닷가 식당으로 데려다 주었습니다. 육지를 밟자 그제서야 안도감이 들었습니다.

안정을 찾은 우리는 식사를 하며 이야기를 나눴습니다. 작은아이는 바다거북을 직접 본 것이 기뻤는지 흥분하며 말했습니다.

작은아이: 바다거북이 진짜 빠르지 않아요? 우와. 대단했어요. 엄마도 봤지요?

엄마: 진짜 빠르더라. 쫒아가느라고 힘들었어.

작은아이: 진짜 몸집도 크죠? 나보다 작을 줄 알았는데 나보다 더 큰 거 같아요.

바다거북의 이야기가 무르익어가고 있을 때, 한 아이가 다가왔습니다. 까만 피부에 눈이 유난히 큰 필리핀 여자아이였습니다. 아이는 옆구리에 낀 바구니에서 바다거북 모양의 자석을 내밀었습니다. 난처해지는 순간이었습니다. 사주면 또 다른 아이들이 달려들 게 뻔하고, 또 한편으로는 물건을 파는 아이가 안쓰럽기도 했습니다. 망설이는 제 마음을 눈치했는지 큰아이가 먼저 나섭니다.

"엄마, 나 하나 사도 되죠?"

큰아이는 바구니에서 나무로 깎은 고래상어를 고르더니 얼마냐고 물어보았습니다.

"500페소."

말도 안 되는 가격이었습니다. 500페소면 한국 돈으로 만 원이 넘는 큰 돈이었습니다.

갑자기 눈 뜨고 코 베여갈까 정신이 번쩍들었습니다. 전 딱 잘라 말했습니다.

"100페소."

여자아이도 질세라 당차게 말했습니다.

"노우. 500페소."

이럴 때 쓰는 히든카드가 있습니다. 바로 '안 사!'라는 말입니다. 대부분 동남아에서는 이 말 한 마디면 가격이 반으로 뚝 떨어지는 경험을 할 수 있습니다. 저의 뜻을 눈치챘는지 갑자기 큰아이가 제게 다가와 귓속말로 이야기 했습니다.

"그냥 기부한다고 생각하고 깎지 말아주세요."

"왜 그랬으면 좋겠어?"

"우리는 만 원 없어도 괜찮지만, 저 아이는 만 원이면 며칠을 먹고 살 수 있잖아요."

아이의 말에 갑자기 한 대 맞은 것처럼 머리가 띵해졌습니다.

저는 물건을 싸게 사야겠다는 생각만 했는데, 큰아이는 물건을 파는 아이를 생각한 것입니다. 또래 아이가 물건을 파니 마음에 걸렸던 것입니다. 물건이 아닌 사람을 먼저 바라보는 아이의 시선이 놀랍고 대견스러웠습니다. 저는 큰아이의 부탁대로 순순히 500페소를 기부했습니다.

여자아이는 환하게 웃으며 기뻐했습니다. 그리고 몇 번이나 땡큐를 한 뒤 돌아갔습니다.

큰아이: 엄마, 저 아이 엄청 행복해 보여요.

엄마: 저 아이 말이야, 진짜 행복할까? 너보다 어려 보이는 데 물건을 팔러 다니잖아.

큰아이: 그럼요, 진짜 행복한 표정을 짓고 가잖아요. 엄마, 그런데 필리핀 사람들은 참 행복한 거 같아요. 아까 배에서 일하는 아저씨들도 그렇고요. 필리핀 사람들은 가난한 사람이 많아서 행복하지 않을 거 같았는데, 막상 사람들을 보니 다들 표정이 행복해 보여요.

엄마: 그러게, 엄마도 사람들이 너무 밝아서 참 놀라웠어. 그런데 너희는 행복이 무엇이라고 생각해?

저는 아이들과 하브루타 해보고 싶어졌습니다.

작은아이: 엄마, 난 행복은 모두 다 좋은 게 행복 같아요.

엄마: 모두 다 좋은 거? 왜 그렇게 생각해?

작은아이: 여럿이 있을 때 나 혼자 행복한 건 진짜 행복이 아니잖아요. 모두 같이 좋아야 진짜 행복한 거지. 아까 고래상어 싸게 사면 엄마만 좋잖아요. 그건 행복이 아니잖아요.

작은아이가 괜시리 나를 꾸짖는 거 같아 웃음이 났습니다. 그러나 아이의 말은 옳았습니다. 사람은 공동체 속에서 더불어 행복을 느끼기 때문입니다.

큰아이: 저는 행복은 남이랑 비교하지 않는 거라고 생각해요. 아까 여자아이는 나랑 비슷한 나이였는데 가난해도 나랑 비교하지 않았던 거 같아요. 그냥 자기 물건을 팔면서 행복을 느끼는 거 같았어요.

아이들의 대답이 놀라웠습니다. 아이들이 여행을 통해서 행복의 비밀을 깨달은 듯했습니다. 여행을 통해 보고, 느끼고, 생각한 경험에 하브루타를 하면서 아이들은 스스로 행복의 정의를 내리며 행복의 진정한 의미를 찾아가고 있었습니다.

행복을 제대로 느끼기 위해서는 자신만의 정의를 내리는 것이 중요합니다. 행복의 정의는 내가 느끼는 행복을 명확하게 해주고, 내 삶의 방향을 안내해주기 때문입니다.

예를 들어 행복을 다른 사람과 함께 나누는 것이라고 정의하는 사람은 어떠할까요? 아마 그 사람은 다른 사람과 나눌 때 행복을 느끼고, 계속해서 나눔을 실천하며 살아갈 것입니다.

여행은 이러한 행복의 정의를 내리고 의미를 찾아가는데 매우 도움이 됩니다.

어떻게 도움이 될까요?

첫째, 여행은 나의 진정한 행복을 찾는 소중한 시간이 됩니다.

사람은 자신이 좋아하는 것들을 찾아서 자발적으로 실천할 때 행복을 느낍니다. 여행에서는 자신이 먹고 싶은 것, 하고 싶은 것이 무엇인지, 끊임없이 자신의 욕구를 들여다보며 자신이 좋아하는 것을 선택하고 실행하게 됩니다. 바다거북을 보러 가며 행복을 느끼는 작은아이처럼 말입니다.

이러한 여행의 경험을 통해 자신이 가장 행복할 때가 언제인지, 자신에게 의미 있는 행복이 무엇인지 깨닫는 시간이 되는 것입니다.

둘째, 여행은 내가 가진 행복의 가치를 변화시키기도 합니다.

여행은 행복에 대한 가치관을 바꿔 놓기도 합니다. 경제적 여유가 있는 사람이 가난하거나 힘든 일을 하는 사람보다 더 행복할 거라 생각했던 우리의 고정관념이 바뀐 것처럼 말이지요. 우리는 다양한 경험을 통해 행복이 성공과 부에 국한되어 있지 않음을 온몸으로 느낍니다.

여행을 하다보면 따사로운 햇빛에도, 하는 일 없이 바다를 바라보는 것만으로도 행복할 수 있음을 깨닫습니다. 다른 사람과 비교해서 내 행복을 평가하지 않습니다. 오로지 내가 가지고 있는 것들에 감사하고 만족하며 행복 자체로 느낍니다.

셋째, 여행은 다른 사람과 더불어 행복할 수 있음을 느끼게 해줍니다.

여행은 사람들과 관계 맺음입니다. 여럿이 떠날 때는 물론, 혼자 여행을 떠난다 해도 여행에서는 사람들과 관계를 맺습니다. 길을 잃었을 때, 우연히 낯선 이국땅에서 한국 사람을 만났을 때도, 시장에서 음식값을 흥정할 때도 우리는 관계를 맺습니다. 여행은 이러한 관계 속에서 더불어 사는 행복의 의미를 자연스럽게 찾을 수 있게 돕습니다. 여행이 우리에게 가르쳐 주는 행복의 의미인 것입니다.

우리나라의 아이들은 어릴 적부터 경쟁 속에서 성장합니다. 태어나는 순간부터 남들보다 우수한 대학과 직장에 들어가기 위해 우리는 길고 긴 경쟁의 시간을 보냅니다. 행복마저 남들과 비교하고 경쟁하면서 말이죠.

이러한 사회 분위기는 좋은 직업을 가졌거나, 경제적으로 우위에 있는 사람들이 더욱 행복할 것이라는 고정관념을 갖게 합니다. 그러나 행복은 경쟁으로 쟁취하는 것이 아닙니다. 부와 명예와 같이 어떤 목표를 성취했을 때만 느끼는 것도 아닙니다. 행복은 우리의 모든 순간에 함께할 수 있습니다.

이번 여행을 통해 우리 아이들은 다른 사람과 나누며 더불어 살아가는 것이 진정한 행복임을 깨달았습니다. 그리고 다른 사람과 비교하지 않고 자신이 가진 것에서 행복을 찾아야 한다는 것도 배웠다고 믿습니다. 이러한 경험이 우리 아이들의 행복한 삶의 방향을 안내할 거라고도 확신합니다. 그리고 우리 아이들과 이 세상의 모든 아이들이 행복한 사람으로 살아가기를 소망합니다.

체험 하브루타 질문 예시

○ 여자아이가 파는 물건에는 무엇이 있을까?

○ 바다 속에서 본 바다거북은 어떤 모습이었니?

○ 바람이 부는 날 바다의 모습은 어떠니?

심화 하브루타 질문 예시

○ 왜 여자아이가 웃는 것을 보고 행복하다고 생각 했니?

○ 네가 행복했을 때는 언제이니?

○ 행복하기 위해서 필요한 것은 무엇이니? 왜 그렇게 생각해?

○ 행복한 사람들은 어떤 모습을 하고 있니? 어떤 표정을 지으니?

소감 하브루타 질문 예시

○ 직접 바다거북을 본 소감이 어떠니?

○ 선원들이 웃는 모습을 보며 어떤 생각이 들었니?

○ 행복해보이는 사람을 보니 어떤 마음이 들었니?

질문을 만들어 보세요!

○

○

○

낯선 곳에서
형제의 우애는 더욱 깊어진다

"선생님, 형이랑 너무 싸워서 고민이에요. 타일러도 보고 야단도 쳐 보는데 싸움이 멈추지 않아요."

"언니랑 왜 이렇게 싸우는지 모르겠어요. 잘 노는 것 같다가도 금세 큰 소리가 나고, 결국은 하나가 울면서 놀이가 끝나요. 날마다 전쟁 같아요. 어떡하면 좋을까요?"

자녀들 다툼 때문에 고민인 부모님들이 많습니다. 가정이 화목하길 바라는 부모 입장에서 걱정이 되는 것은 당연합니다.

저자는 이런 고민을 하는 어머님들에게 "저희 집도 비슷해요"라고 말을 합니다. 그럼 어머님들은 깜짝 놀라며 "선생님 집 아이들도 그래요?" 하며 되물어봅니다.

"그럼요, 특별히 사이가 좋은 경우도 있지만 아이들이 싸우는 것은 자연스러운 일이지요."

선생님의 대답에 대부분의 어머님들은 일단 마음을 놓습니다. 자신만의 고민이 아니라는 것에 안심을 하는 것이지요.

아이들은 왜 그렇게 싸우는 걸까요? 저는 그 이유를 관계와 친사회성 기술의 부족이라고 봅니다.

먼저 형제의 관계는 태어나면서부터 경쟁 상대입니다. 부모의 사랑과 관심을 조금이라도 더 받기 위해 쟁탈전을 할 수밖에 없는 관계인 것입니다.

다음으로 아이들은 아직 다른 사람의 마음을 읽어주고, 의견을 나누고, 타협하는 능력이 서툽니다. 즉, 친사회성 기술이 부족하니 문제 상황에서 원만하게 해결하지 못하고 싸우는 것은 당연합니다. 아이들의 발달 단계에 따른 자연스러운 과정인 것입니다.

그러면 다툼을 줄이고 해결하는 방법은 무엇일까요?

저는 갈등을 해결하는 가장 좋은 방법으로 하브루타를 추천합니다. 왜냐하면 하브루타는 서로의 마음을 읽고, 이해하는데 도움을 주기 때문입니다. 또한 서로 의견을 나누며 갈등을 해결하는데 탁월한 효과가 있습니다. 여기에 여행이 함께한다면 금상첨화겠죠?

여행은 관계를 특별하게 만들어 줍니다. 낯선 곳에서 서로를 도와주는 소중한 존재로 인식하는 경험을 하기 때문입니다.

우리 아이들은 사이가 무척 좋은 형제였습니다. 특히 동생이 형을 무척 좋아하며 따랐습니다. 형도 동생을 끔찍이 아껴주었지요.

그러나 작은아이가 5살이 되던 해부터 전쟁이 시작됐습니다. 무조건 형만 좋아하고, 형이 하자는 대로만 하던 작은아이에게도 하고 싶은 일이 생기고, 자기 의견이 생겼던 것입니다. 자연스러운 일이지요. 그러나 큰아이에게는 당황스러운 일이었습니다. 그렇게 말 잘 듣고, 형이 해주면 모두 좋다던 동생이 "싫어. 내가 할 거야! 그거 아니거든. 내가 맞거든!" 하며 자기 고집을 부리니 형 입장에서는 기가 막힌 노릇인 거지요. 아이들은 점차 별것도 아닌 일에 내가 맞나 네가 맞나 싸우기를 무한 반복했습니다.

큰아이는 모르면서 자꾸 우기는 작은아이 때문에 스트레스 받는다고 하고, 작은아이는 형이 자신을 무시해 속상하다고 울었습니다. 그야말로 형제의 난이 시작된 것입니다.

필리핀 여행을 떠나기 전 우리 아이들의 싸움은 절정에 치닫고 있었습니다. 하루에 몇 번씩 싸우는 것이 기본이더니 결국 안 하던 주먹질까지 한 것입니다. 아이들 모습에 화가 났지만 저는 감정을 참아 내리며 함께 하브루타를 했습니다.

"애들아. 어떻게 된 일이야?"

큰아이는 씩씩거리고, 작은아이는 무엇이 그리 속상한지 울기만 했습니다. 아이들에게 서로 하브루타를 시켰으나 감정이 많이 상했는지 서로 대화를 거부했습니다.

저는 할 수 없이 솔직한 심정을 아이들에게 이야기했습니다.

"얘들아, 엄마가 너희들이 자꾸 싸워서 여행을 갈 수 있을까 걱정이 돼. 아빠도 없이 여행을 가게 돼서 엄마는 너희 둘을 엄마 혼자 챙겨주는 것도 힘들 거 같거든. 그런데 너희 둘이 계속 싸우면 엄마는 여행이 즐겁지도 않을 거 같아. 어떡하면 다같이 즐거운 여행이 될까?"

대화를 거부하던 큰아이가 엄마의 마음을 알았는지 작은 소리로 먼저 대답을 했습니다.

"우리가 안 싸우면 돼요."

"엄마, 우리가 서로 싸움도 안 하고 사이좋게 지낼게요. 걱정마세요."

작은아이도 형을 따라 싸우지 않겠다고 약속했습니다.

여행을 가기 전에 여러 가지 상황에 대한 질문을 하며 함께 하브루타를 했습니다.

"같이 놀고 싶을 때는 어떻게 하면 좋을까?

"도움이 필요할 때는 어떻게 해야 할까?"

"서로가 힘들어 할 때나 아플 때는 가족이 어떻게 해주면 좋을까?"

하브루타를 하고 다녀온 필리핀 여행은 정말 꿈만 같았습니다. 여행지에서 아이들은 엄마가 말하지 않아도 서로를 챙기고 도왔습니다. 물론 가끔 싸울 때도 있었지만, 금세 화해하고 함께 놀았습니다. 평소처럼 감정이 상해 오래가지 않았습니다.

이런 것이 바로 여행의 힘입니다.

낯선 곳에서의 가족여행은 아이들에게 가족을 새롭게 이해하는 기회가 됩니다. 가족을 나와 함께하는 동반자, 나를 도와줄 수 있는 가장 가까운 사람으로 이해하고 소중한 존재로 인식하게 되는 것이지요.

특히 서로를 경쟁자로 여겼던 두 아이들은 여행을 통하여 서로의 존재를 인정하고, 서로를 보살펴주었습니다. 동생이 화장실을 갈 때는 형에게 부탁을 했고, 형은 기꺼이 작은아이를 데리고 화장실을 다녀왔습니다. 왜 형만? 왜 동생만?이라고 생각하지 않고 형이니까, 동생이니까 하며 서로의 존재를 있는 그대로 인정하고 도왔습니다.

여행 전 아이들과 나눈 하브루타는 관계 향상을 위한 매뉴얼이 되었습니다. 아이들은 자신이 직접 나눈 의견들을 지키기 위해 노력했습니다. 서로 함께 나눈 약속들을 지키며 노력하다 보니 관계가 훨씬 좋아졌습니다.

문득 아이들이 여행 오기 전 다툰 일이 생각나 마음 하브루타를 해보았습니다. 서로 다툼을 한 후 마음을 풀지 않은 채 온 것이 맘에 걸렸기 때문입니다. 여행은 평소보다 사람들의 마음을 훨씬 유연하게 만들어

줍니다. 그래서 평소 못했던 말들도 여행에서는 자연스럽게 나누기 좋습니다.

나중에 알고 보니 여행 전 둘의 큰 싸움에는 사건이 하나 있었습니다. 작은아이 친구가 큰아이를 친구들에게 자신의 형이라고 소개한 것입니다. 그 자리에 있던 작은아이는 기분이 나빴습니다.

"너의 형 아니잖아. 우리 형이거든."

화를 내는 작은아이에게 큰아이는 웃기만 했답니다.

"맞아. 난 현이 형이야" 하고 동생 말에 맞장구쳐줄 거라고 기대했는데 형이 아무 말도 안 한 것입니다. 작은아이는 그런 형이 너무 서운했습니다.

"형! 아니잖아, 내 형이잖아. 말해봐."

끝까지 사실을 말하지 않은 형에게 약이 오른 작은아이는 서러워 울면서 집에 들어왔습니다. 감정이 상한 작은아이는 형과 의절을 선언하였습니다. 그리고 그때 생긴 서운함이 쌓이고 쌓여 여행 전에 주먹질까지 간 것입니다. 그 서운했던 감정들을 여행에서 풀어주고 싶었습니다.

엄마: 우리 그동안 하고 싶은 말이나 속상했던 일 있음 이야기해 볼까? 대신 오늘 이야기하면 그 사람 마음을 이해해주고 속상한 마음 잊어버리기다.

작은아이는 한참을 망설이며 말하지 않았습니다. 아직까지 마음이

상한 것인지 걱정이 되어 살며시 먼저 이야기해 보았습니다.

엄마: 현아. 그때 여행오기 전에 형한테 서운했던 일 이야기해도 돼.

저의 말에 작은아이는 머뭇거리며 이야기했습니다.

작은아이: 형, 그때 왜 다른 애들한테 내 형이라고 말 안 했어?

큰아이: 어…어…그때 그냥 민우가 민망할까봐. 그때 미안했어. 그런데 네가 나보고 우리 형이라고 질투하는 거 보니까 좀 귀여웠어.

큰아이는 멋쩍은 듯이 이야기했습니다.

작은아이: 뭐야? 그래서 웃었던 거야?

작은아이는 형이 자기보고 귀여웠다는 말에 기분이 좋아진 듯했습니다.

작은아이: 형, 그때 형이 내 형이라고 말 안해서 엄청 속상했어.

큰아이: 속상했지? 미안해. 형이 어떻게 해줄까?

작은아이: 다음에 민우 만나면 꼭 내 형이라고 말해줘.

큰아이: 알았어. 내가 꼭 네 형이라고 말해줄게.

아이들은 쌓인 게 많았는지 한참을 하브루타 하며 이야기 나누었습니다. 그리고 서로의 마음을 공감하면서 그동안의 오해를 풀고 서로를 이해하기 시작했습니다.

여행을 함께 한다고 가족, 형제의 사이가 무조건 좋아지는 것은 아닙니다. 여행지에서는 많은 시간을 함께 보내야 하고, 예측하지 못한 다양한 상황이 생깁니다. 나와 다른 생각, 생활 습관, 취향이 서로에게 불

편할 수도 있습니다. 그리고 예측 불가능한 상황도 갈등을 일으키는 이유가 될 수 있습니다.

그러나 함께하는 시간이 많고 다양한 상황을 함께 겪는다는 것은 가족과 더욱 친밀해질 수 있는 기회이기도 합니다. 특히 아이들이 우애를 배울 수 있는 좋은 기회가 됩니다.

진정한 우애란 서로를 소중한 존재로 인식하는 것부터 시작합니다. 서로의 관계를 경쟁이 아닌 동반자, 협력자로 이해하는 것입니다. 서로를 소중하게 여긴다는 것은 상대방의 마음을 공감해주고 서로를 이해해준다는 것입니다. 나아가 나와 다름을 이해하고 존중해주는 것입니다.

여행에서는 먹고 싶은 음식, 가고 싶은 곳 등 많은 선택의 기회가 주어집니다. 이때 서로의 의견을 존중하고 절충하는 경험은, 문제 상황에서 해결하는데 도움이 됩니다.

어릴 적에 우애를 배우는 것은 중요합니다. 형제간의 우애는 모든 인간관계의 기본이 되기 때문입니다. 형제간의 지켜야 할 태도는 나아가 사회에서 지켜야 할 태도와 규범이 됩니다. 또 형제와 의견을 절충하며 갈등을 해결해 본 경험은 사회에서도 다른 사람과 원만한 관계를 맺게 도와줍니다. 반대로 우애가 나쁜 사람은 사회에서도 경쟁하고 대립하는 관계를 맺게 되는 거지요.

그래서 난 아이들과 여행 하브루타를 합니다. 여행이 반복될수록 아이들이 우애 깊게 함께 성장하기 때문입니다. 내가 여행을 멈출 수 없는 이유이기도 합니다.

체험 하브루타 질문 예시

○ 형/동생과 함께 여행해서 좋은 점은 무엇이 있을까?
○ 형/동생이랑 여행해서 힘들었던 점은 무엇이 있을까?
○ 형/동생이랑 나눈 이야기는 무엇이니?

심화 하브루타 질문 예시

○ 가족과 즐겁게 여행을 하려면 어떻게 해야 할까?
○ 만약 화장실을 갈 때 형/동생에게 도움이 필요한 일이 생긴다면?
○ 같이 놀고 싶을 땐 어떻게 할까?
○ 가족이 소중한 이유는 무엇일까?

소감 하브루타 질문 예시

○ 형/동생이 너를 도와주었을 때 어떤 기분이 들었니?
○ 장을 본 짐을 나눠 들었을 때 어떤 마음이 들었니?
○ 형/동생이 함께 화장실에 가주었을 때 어떤 생각이 들었니?

질문을 만들어 보세요!

○
○
○

역사의 흔적에서 미래를 찾다

초등학교 5학년부터 아이들은 역사를 배우기 시작합니다. 이때쯤부터 부모들 또한 자녀들의 역사교육을 어떻게 시켜야 하나 고민이 많아집니다. 관심 있는 부모들은 아이들에게 독서, 만화, 인터넷 강의, 학원까지 다양한 방법으로 역사적 지식을 쌓을 수 있도록 도와줍니다.

그러나 대부분의 아이들은 역사를 어려워합니다. 여러 가지 이유가 있겠지만, 일단 아이들은 역사에 흥미와 관심이 많지 않습니다. 역사를 자신과는 크게 상관없는 일로 여기기 때문입니다. 상대적으로 주요 과목이 아니므로 중요하지 않다고 생각도 합니다. 영어, 수학, 코딩, 태권도 등 배워야 할 것도 많은 아이들이 역사까지 배워야 한다는 것을 부담스럽게 느끼기도 합니다.

흥미도 없고, 나와 상관도 없고, 중요하지도 않게 여기는 역사를 배우려니 지루하고 어렵게 느끼는 것은 당연합니다. 특히 주입식으로 역사적 사실을 암기하는 것은 더욱 어렵습니다. 저 역시 그랬습니다.

그런데 이렇게 지루한 역사도 흥미 있게 배우는 방법이 있습니다. 바로 여행 하브루타입니다.

아이들과 다양한 역사의 현장으로 찾아가 직접 보고, 듣고, 만지며 체험을 하는 것입니다. 예를 들어 독립운동에 대해 가르쳐주고 싶다면 아이 손을 잡고 서대문 형무소를 찾아가는 것입니다. 어두운 형무소 복도, 좁은 수감소, 그리고 보기만 해도 소름이 돋는 고문실 등을 돌아보면 우리 선조들의 독립을 향한 처절했던 시간들을 더욱 실감나게 느낄 수 있습니다.

이때 하브루타 질문으로 아이들에게 역사적 의미를 되새겨 보게 할 수 있습니다. 과거를 현재의 삶과 연결 지으며 사고를 확장시키는 것이지요.

"우리 선조들은 왜 목숨을 바쳐 나라를 되찾고 싶었을까?"

"만약 선조들이 죽음이 무서워 도망갔으면 지금 우리나라는 어떻게 됐을까?"

"만약 내가 그 시대에 살았더라면 나는 어떻게 했을까?"

아이들은 질문을 하고 나누면서 과거의 일들이 현재와 연결되어 있음을 이해합니다. 그 과정에서 지난 역사가 나와 관계 있는 일임을 깨닫습니다.

아이들과 역사여행을 떠날 곳은 아주 많습니다. 특히 우리나라에는 박물관, 유적지, 체험관 등 아이들 수준에 따라 다양한 체험을 해 볼 수 있는 곳들이 많습니다.

다른 나라를 여행 할 때도 우리나라 역사의 흔적을 만나게 될 때가 있습니다. 다른 나라까지 역사여행을 하는 부모들은 거의 없을 것입니다. 그러나 다른 나라에서 찾는 역사의 흔적은 좀 더 의미 있는 경우가 많습니다. 그래서 아이들과 역사의 의미를 찾아보는데 더 좋은 기회가 됩니다. 관광으로 온 여행이라도 그 앞에서 손가락 V자를 그리며 인증샷만 찍기에는 너무 아까운 기회이지요.

에메랄드빛의 눈부신 바다를 가진 사이판.

제주도의 10분의 1 크기의 작은 섬, 그 작고 아름다운 섬에서 만난 우리 역사의 흔적은 참으로 가슴 아팠습니다.

사이판 섬을 한 바퀴 돌아보는 투어 중이었습니다. 가이드가 섬의 명소를 돌며 간단히 소개해주었습니다. 둥글게 보이는 수평선을 따라 섬의 북쪽 끝자락에 도착했을 때 한국인 위령탑이 나왔습니다. 한국인 위령탑에 대해 가이드가 설명해주기 시작했습니다. 한국인 교민이었던 가이드는 이제까지와는 다르게 사뭇 진지한 표정으로 말했습니다.

"이곳은 한국인 위령탑입니다. 사이판은 우리나라의 아픈 역사가 남아있는 나라입니다. 1차 대전 때부터 사이판은 일본의 영토가 되었습니다. 그리고 이곳에서 사탕수수를 재배하기 시작하면서 한국인들을 강제로 끌고 왔다고 합니다. 2차 대전이 끝날 때까지 강제 노역과 위안부로 시달리다 억울하게 죽음을 당한 한국인만 약 3천 명에 달합니다. 그 이후 타국 땅에서 억울하게 죽어간 한국인들을 추모하고자 이 위령탑을 만들었습니다. 그럼 여기서 문제를 내겠습니다. 이 위령탑은 누가 만들었을까요?"

가이드가 문제를 내자 유심히 듣고 있던 아이가 손을 번쩍 듭니다.

"한국 사람들이요!"

아이의 대답에 함께 설명을 듣는 다른 사람들이 껄껄껄 웃었습니다.

"네. 한국 사람 맞기는 한데 한국 사람들 중에 누가 만들었을까요?"

그때 한 아저씨가 짧게 외쳤습니다.

"한국 정부!"

"아… 아쉽지만 한국 정부는 아닙니다. 이 위령탑은 국가에서 세워주지 않아 해외희생동포추념사업회와 저희 사이판 교민들이 2년 동안 기금을 마련해서 세웠습니다."

"하……."

국가에서 세워주지 않았다는 말에 사람들은 짧은 탄식을 내뱉었습니다.

"저 탑 위에 비둘기 보이시나요? 두 번째 문제입니다. 저 비둘기는 어디를 보고 있을까요?"

"한국이요!"

이번에 큰아이가 자신 있다는 듯이 대답을 했습니다.

"네. 맞습니다. 한국입니다. 고국으로 돌아가고 싶은 위령들을 위로하고자 평화의 상징인 비둘기가 한국을 바라보게 하였습니다."

가이드의 설명에 마음이 숙연해졌습니다. 잠시 비둘기가 바라보는 방향을 아이와 함께 바라보았습니다.

끝도 없이 펼쳐지는 바다 끝에 맞닿은 수평선이 야속하게 느껴집니다.

"엄마, 저쪽에 우리나라가 있는 거예요?"

아이는 손가락으로 가리키며 물어보았습니다.

"응, 그렇대. 저쪽에 한국이 있대."

"그런데 우리나라가 왜 안보여요? 보이면 좋았을텐데……."

큰아이는 우리나라가 안 보이는 것이 안타까운지 물었습니다. 고국을 떠올리며 하염없이 바다를 바라보았을 한국인들을 생각하니 코끝이 시큰해졌습니다. 아이와 함께 묵념을 한 뒤 우리는 가이드의 안내에 따라 일본군 최후사령부와 만세절벽으로 갔습니다.

사이판은 2차 대전이 끝나갈 무렵 미국에 밀려 일본군 수뇌부들이 피난 오게 된 곳이기도 합니다. 이곳에는 전쟁의 흔적들이 고스라니 남아 있었습니다. 여기저기 남아있는 총탄과 대포의 흔적들이 전쟁의 참혹함을 보여줍니다. 여기서 3만 1,000명의 군인들이 전사 또는 자결하였다고 하니 끔찍하기까지 합니다. 아이들은 가이드의 설명이 섬뜩한지

제 손을 꽉 잡았습니다.

다음으로 간 곳은 만세절벽 또는 자살절벽이라고 불리는 곳입니다. 만세절벽은 미군이 사이판 점령을 선언하자 이곳으로 피난했던 민간인 4,000여 명이 집단으로 '만세'를 외친 뒤 투신자살한 곳입니다. 죽음을 망설이는 사람은 일본군에게 사살되었다고 합니다.

무거워진 마음으로 아이들에게 질문하며 하브루타를 해보았습니다.

엄마: 한국인은 사이판에 왜 왔을까?

큰아이: 일본 사람들이 우리나라 사람을 속이거나 억지로 끌고왔어요. 그런데 왜 도망가지 않았을까요?

엄마: 도망갔음 어떻게 됐을거 같아?

큰아이: 잡혀서 죽음을 당했겠죠? 가여워요.

엄마: 한국인들은 왜 이곳에서 죽어야 했을까?

큰아이: 우리나라가 너무 힘이 없어서 그런 거 같아요. 집에도 못 가고, 일도 하고 결국은 여기서 죽음까지 당하고요.

엄마: 전쟁은 왜 일어났을까?

큰아이: 일본이 더 많은 땅을 차지하고 싶은 욕심 때문에 전쟁을 한 거 같아요. 전쟁은 너무 무서워요. 절대 일어나지 않았으면 좋겠어요.

여행 하브루타의 역사 교육은 주입식이 아닙니다. 역사적 지식을 암기하고자 하는 것도 아닙니다. 다만 역사의 현장에서 직접 과거를 체험해보며 역사의 본질을 찾아가고자 하는 것입니다.

지난 역사에는 반드시 배울 것이 있습니다. 우리는 과거를 통해서 현재를 점검하고, 현재를 통해서 미래를 예측할 수 있습니다. 과거를 교훈 삼아 보다 나은 미래를 찾아가는 것이 역사 교육에서 가장 중요한 본질입니다. 그러기 위해서는 하브루타 질문으로 아이들에게 사고를 확장시켜주는 것이 꼭 필요합니다.

그러면 부모는 어떻게 도와주면 좋을까요?

첫째, 왜 역사를 알아야하는지 의미를 찾도록 하는 것이 중요합니다.

역사를 안다는 것은 자신과 자신이 속한 세계의 관계를 이해하는 과정입니다. 자신의 뿌리를 알고, 사회를 이해하며 사회에 적응할 수 있는 정체성을 확립하는 일이기도 합니다.

현재까지도 일본과 중국의 역사 왜곡이 끊이지 않고 있습니다. 우리가 한민족으로서 겪은 수난과 우리 민족의 우수성들을 잘 이해하지 못한다면 어떻게 될까요? 언젠가 그들의 왜곡된 주장이 진실이 되어 버릴 수 있습니다. 역사는 과거의 멈춰진 시간이 아닙니다. 우리 아이들이 살고 있는 현재 또한 역사의 한 순간들입니다. 그 순간들이 쌓여 새로운 미래가 열리는 것입니다. 그래서 우리 아이들에게 올바른 역사의식과 가치관을 길러주는 것은 꼭 필요합니다.

둘째, 역사 하브루타에서는 부모의 사전지식이나 정보가 큰 도움이 됩니다.

역사는 사실에 근거하기 때문에 아무런 지식이 없는 아이들에게는 질문조차 어렵게 느껴질 수 있습니다. 만약 부모가 역사적 지식이 별로 없다면 어떻게 할까요? 아이들과 함께 안내판을 읽어보거나, 해설사가 있다면 함께 설명을 들어보는 것이 좋습니다. 또 궁금한 점들을 모아 인터넷이나 책 등을 통해 함께 알아보는 것도 좋습니다.

셋째, 부모의 다양한 질문으로 아이들의 사고를 확장시켜 줍니다.

그러나 사실적인 지식을 요구하는 질문을 많이 하는 것은 좋지 않습니다. 아이들이 시험처럼 생각하며 어렵게 느끼기 때문입니다. 아이들이 스스로 지난 역사의 의미를 생각해보고, 의미를 찾을 수 있도록 '만약에, 왜, 어떻게'와 같은 질문을 하는 것이 좋습니다. 또한 체험을 통해 알게 된 사실들을 질문을 통해 설명해볼 수 있는 기회를 주는 방법도 좋습니다.

영국의 유명한 역사가인 토인비는 말했습니다.

'인류의 가장 큰 비극은 지난 역사에서 아무런 교훈을 얻지 못하는 것이다.'

고백하자면 저는 중학교부터 고등학교때까지 한국사를 배웠지만 그 속에서 아무런 교훈을 찾지 못했습니다. 그런데 그것이 비극인 줄도 모르고 살았습니다. 오로지 내신 성적을 받기 위해 역사 공부를 했고 그것마저도 학교를 졸업하며 하지 않았습니다. 팔만대장경이 몇 년도에 생겼는지를 달달 외웠지만, 그 의미가 무엇인지 생각해보지 않았고, 그것이 얼마나 자랑스럽고 대단한 것인지 자부심을 갖지 못했습니다.

그러던 제가 역사에 관심을 가지게 된 것은 여행을 하면서부터였습니다. 여러 나라의 다양한 문화를 경험하다보니 자연스럽게 '이 나라는 왜 이런 문화를 가지게 되었을까?'라는 궁금증이 생겼습니다. 그 답을 찾다보니 현재의 문화를 이해하기 위해서는 역사를 알아야 한다는 사실을 깨닫게 되었습니다. 다른 나라의 역사에 관심을 갖게되니 역으로 우리나라의 역사 교육에 대해 질문이 생기기 시작했습니다.

'왜 나는 역사공부를 했지만, 기억하는 것이 별로 없을까?', '왜 나는 역사를 중요하게 생각하지 않았을까?' 등의 의문이었습니다. 이러한 고민은 비단 저만의 문제는 아니라고 생각합니다.

이제는 우리가 우리 아이들에게 어떻게 역사를 가르쳐야 하는가를 생각해볼 때입니다. 과거의 역사를 단순히 암기하는 것이 아닌 과거의 정보를 통해 세계를 바라보는 시선을 확장시켜주는 교육이 되어야 합니다. 그러기 위해서는 직접 체험하며 느끼고, 스스로 질문하고 답을 찾아보는 여행 하브루타가 가장 효과적인 방법이라고 생각합니다.

체험 하브루타 질문 예시

○ 한국인 위령탑은 누가 만들었을까?
○ 한국인 위령탑의 비둘기는 어디를 보고 있을까?
○ 위령탑의 비둘기가 상징하는 것은 무엇일까?

심화 하브루타 질문 예시

○ 한국인들은 왜 사이판에 오게 되었을까?
○ 강제로 끌려온 한국인들은 바다를 보며 무슨 생각을 했을까?
○ 왜 한국 사람들은 일본 사람들에게 부당한 대우를 받았을까?
○ 만약 누군가에게 나의 것을 빼앗긴다면 어떻게 하면 좋을까?
○ 일본 사람들이 위령탑을 본다면 무슨 생각을 할까?

소감 하브루타 질문 예시

○ 한국인들의 이야기를 들었을 때 어떤 마음이 들었니?
○ 위령탑을 바라보는 느낌이 어땠니?
○ 전쟁의 흔적을 보며 어떤 생각이 들었니?

질문을 만들어 보세요!

○
○
○

라면

Chapter 4

세상을 바라보는 아이의 눈이 아이의 미래를 결정한다

단 한 번의 여행도 그 끝은 아름다워야 한다

스코틀랜드의 한 해안가로 죽은 고래 한 마리가 떠밀려 내려왔습니다. 고래는 바닷가에 사는 주민에게 발견되었습니다. 사람들은 의아해했습니다. 죽은 이유를 알기 위해 고래의 배를 갈라보았습니다. 고래의 뱃속을 보는 순간 모두들 경악했습니다. 고래의 뱃속에는 플라스틱 병과 밧줄 같은 사람들이 버린 쓰레기가 100킬로그램 넘게 들어 있었습니다. 바닷속에 떠다니는 쓰레기를 고래는 먹이로 착각하였던 것입니다.

이 이야기는 비단 스코틀랜드에서만의 이야기가 아닙니다. 이탈리아, 필리핀, 스페인 등 여러 나라 해안에서 같은 일이 일어나고 있습니다. 슬프게도 고래뿐만이 아닙니다. 쓰레기가 목에 걸려 기형이 된 거북이도 있습니다. 사람들이 함부로 버린 쓰레기로 많은 동물들이 고통받고, 목숨을 잃고 있습니다. 과연 누구의 책임일까요?

여행을 좋아하다보니 환경문제에 관심이 많습니다. 사라지고 있는 나라들과 멸종 위기의 동물들 이야기를 들으면 마음이 아픕니다. 그만큼 우리가 여행할 수 있는 곳과 볼 수 있는 동물들이 사라지고 있다는 뜻이니까요.

저는 나와 내 아이들, 손주, 증손주, 손주의 손주, 그 후손까지도 세상의 아름다운 곳들을 여행하며 행복을 느끼기 바랍니다. 그러기 위해서 아이들에게 환경에 대한 책임감을 길러줘야 한다고 생각합니다. 그래서 환경에 대한 책임감을 느낄 수 있는 곳을 선택하기도 합니다. 점차 해수면이 높아져 50년 뒤에는 물속으로 사라진다는 몰디브 여행과 보라카이 여행이 그렇습니다.

보라카이 하면 화이트비치가 떠오릅니다. 새하얀 모래해변을 따라 펼쳐진 파란 바다. 그리고 바다보다 더 파란 하늘을 가진 보라카이는 전 세계인들에게 사랑받는 관광지입니다. 보라카이의 바다는 깊이에 따라 7가지 색이 나는 걸로도 유명합니다. 말만 들어도 신비롭고 아름답게 느껴지는 그 바다가 쓰레기로 몸살을 앓았습니다. 바다에는 쓰레기가 넘쳐났고, 악취까지 나기 시작했습니다. 결국 두테르테 필리핀 대통령은 6개월 동안 섬을 폐쇄하고 환경정화에 나섰습니다.

다시 보라카이 섬이 재개장되자 아이들을 데리고 얼른 다녀왔습니다. 아이들과 찾은 화이트비치는 뭐라 표현해야 할까요. 하얀 모래에 선명하게 대비되는 파란 바다와 하늘은 청량하기까지 했습니다. 사진

같은 풍경이 오히려 비현실적으로 느꼈습니다. 마치 우리가 사진 속으로 들어간 듯한 착각이 들었으니까요. 이런 곳이 오염되었다니 상상하기도 싫었습니다.

우리는 해변 레스토랑에 들어가 간단히 음식을 시켰습니다.

음식이 나오는 동안 바다를 바라보며 아이들과 함께 하브루타를 해보았습니다.

엄마: 보라카이는 바다가 예뻐서 세계적으로 유명한 관광지야. 그런데 필리핀 대통령이 이 보라카이 섬에 사람들이 못 오도록 폐쇄했었대. 왜 그랬을까?

큰아이: 글쎄요. 사람들이 와야 돈을 벌 수 있는 거 아니에요?

엄마: 그치. 사람들이 많아 와서 물건도 사고, 식사도 해야 이곳 사람들이 돈을 벌어 먹고 살겠지?

큰아이: 그런데 왜 섬을 폐쇄해요?

작은아이: 아… 나 알겠어요. 엄마, 여기에 폭탄 같은 거 터지고 그런 거 아니에요? 뉴스에서 본 거 같아요.

뉴스에서 다른 나라에서 일어난 테러 사건을 본 기억이 났는지 작은 아이가 말했습니다.

엄마: 테러가 생겼으면 정말 폐쇄가 필요했겠다. 그런데 다행히 그런 일은 아니야.

두 아이: 그럼 이유가 도대체 뭐예요?

아이들은 섬이 폐쇄된 이야기에 관심을 보였습니다.

엄마: 필리핀 대통령이 보라카이에 와서 이 섬을 둘러보고 화가 났었대.

작은아이: 왜요?

엄마: 섬이 너무 더러워져서 화가 난 거지. 많은 사람들이 와서 먹고 마시고 간 쓰레기들이 바다를 오염시키고, 섬을 오염시켰거든.

큰아이: 진짜요? 별로 더러워 보이지 않는데요?

엄마: 그때는 바다에서 냄새가 날 정도였대. 그래서 6개월 동안 사람들이 여행 오는 것을 막고 바다며 섬에 있는 쓰레기를 청소한 거지.

작은아이: 그래서 섬이 깨끗해진 거네요.

아이들은 그제서야 이해가 간다는 듯이 고개를 끄덕였습니다.

작은아이: 그러면 6개월 동안 보라카이 사람들은 계속 청소만 했어요? 엄청 힘들었겠네요.

정리를 힘들어하는 작은아이의 말에 웃음이 났습니다.

엄마: 또 힘든 게 있었어. 6개월 동안 손님이 없는 거야. 손님이 없으면 어떤 점이 힘들까?

큰아이: 당연히 돈을 못 버니까 사람들이 가난하게 살았겠죠.

엄마: 맞아. 그런데 돈을 못 벌면서까지 섬을 깨끗이 하는 데 왜 힘을 모았을까?

큰아이: 섬이 더 더러워지면 아무도 오지 않잖아요. 그러기 전에 청소를

한 거죠.

엄마: 엄마도 그렇게 생각해. 그러면 보라카이가 더러워진 건 누구의 책임일까?

큰아이: 당연히 여행하는 사람들이죠. 여행 와서 쓰레기를 아무 데나 버려 오염시켰으니까요.

작은아이: 난 보라카이 사람들 책임 같아요. 그때그때 청소를 안 했으니까요.

엄마: 엄마는 우리 모두의 책임이라고 생각해. 모두 편리하기 위해 일회용품을 많이 사용했고, 쓰레기도 함부로 버렸으니까. 그럼 지금 여행을 하는 너희에겐 어떤 책임이 있을까?

아이들은 잠시 당황한 듯 보였습니다. 여행을 하면서 환경에 대한 책임이 있다고 생각해보지 않았기 때문입니다.

큰아이: 엄마, 사실 생각 못했었는데 여행하는 저도 책임이 있네요. 앞으로 어디서든 쓰레기 함부로 버리면 안 되겠어요.

작은아이: 일회용품도 조금만 사용해야 겠어요.

우리는 여행을 하면서 많은 것들을 소비하게 됩니다. 여행은 소비 자체이니까요. 우리는 무엇을 소비할까요?

우선 여행을 하면 돈을 지출합니다. 숙박비, 교통비를 시작으로 식비, 입장료, 선물비 등 많은 돈을 소비하게 되지요. 돈 외에도 소비하는 것들이 많습니다. 우리가 먹는 음식들, 호텔에 비치 되어있는 일회용품, 에어컨, 난방을 위한 에너지 또한 우리가 소비하는 것들입니다.

물론 이런 것들은 일상에서도 소비를 합니다. 그러나 여행지에서는 소비가 더 많아집니다. 여행에서는 편리성이 중요하기 때문입니다.

여행 짐을 싸다 보면 가방이 한가득입니다. 그러다 보니 자연스럽게 호텔에서 준비해주는 치약, 칫솔, 면도기와 같은 일회용품을 사용합니다. 또 컵, 그릇, 접시와 같은 용기도 많이 사용을 하지요. 호텔의 수건과 침대 시트도 있습니다. 침대 시트도 하룻밤만 사용하니 일회용과 같습니다.

여행에서 일회용품 사용이 많아지는 것은 당연한 일입니다. 그만큼 편리하고 위생적이니까요. 그런데 문제는 '내가 내 돈 내고 사용한다는데 뭐?' 하는 당연함입니다. 이 당연함 때문에 외출을 하는 빈방에도 에어컨을 돌려놓고 낭비하는 사람이 있습니다. 내가 낸 돈에 확실히 뽕(?)을 뽑고 싶은 마음에 불필요한 소비를 넘어 낭비를 하는 것이지요. 그러나 자신의 주머니에서 나간 돈은 똑같으니 낭비라고 생각하지 않습니다. 자신의 권리라고 생각합니다.

세상의 모든 것에는 권리만 존재하는 일은 없습니다. 권리가 존재하면 책임이 따르는 것은 당연한 이치입니다. 그런데 여행을 하면서 책임을 생각하는 사람은 많지 않습니다.

그 결과는 어떤가요? 보라카이섬이 폐쇄되었지요. 이런 경우가 또 있습니다. 영화 〈더 비치〉의 촬영지로 유명한 태국 피피섬 마야베이 해변도 2018년 폐쇄를 했었습니다.

여행을 하면서 우리는 자연의 대장관과 문화유산의 아름다움에 감동을 받습니다. 여행의 기쁨이지요. 우리 아이들이 커서도 이 감동과 기쁨을 느낄 수 있기를 바랍니다. 단지 즐기고, 누리고, 소비하는 여행만을 한다면 어떻게 될까요? 아마도 제2의 보라카이, 제2의 마야베이는 계속해서 나올 거라 생각합니다.

오랫동안 자연이 주는 아름다움을 느끼려면 환경에 대한 책임을 가져야 합니다. 그러기 위해서 먼저 환경을 소중하게 여기는 마음을 갖도록 도와주세요.

방법은 간단합니다. 여행을 하며 만나는 아름다운 풍경들을 마음껏 감상하며 즐기면 됩니다. 그리고 함께 하브루타 해보세요.

"이곳에 온 느낌이 어떠니?"

"자연의 아름다움을 보니 어떤 생각이 드니?"

"이 아름다운 곳을 지키기 위해 사람들은 어떻게 했을까?"

"여행객들이 함부로 자연을 훼손하고 돌아간다면 이곳은 어떻게 변할까?"

"우리가 여행에서 환경을 지키는 방법은 무엇이 있을까?"

아이들은 여행을 통해 자연의 아름다움을 느낍니다. 그리고 여행 하브루타를 통해 좀 더 의미 있게 받아들입니다.

우리 아이들은 보라카이 해변의 아름다움을 느꼈습니다. 하브루타를 통해 많은 사람들이 생각 없이 버린 쓰레기들이 어떤 결과를 가져왔는지 알게 되었습니다. 그리고 여행하는 사람들에게 책임이 있다는 사실도 깨달았습니다. 편리함만을 위해 일회용을 많이 쓰거나, 쓰레기를 함부로 버리지 않겠다고 마음도 먹었습니다.

책이나 뉴스가 아닌 직접 아름다운 보라카이를 보고 하브루타 했기에 보라카이의 아름다움이 의미 있게 느껴졌을 것입니다. 환경을 소중하게 여기는 마음도 함께 가졌겠지요.

아이들에게 환경을 생각하며 여행하는 태도를 길러줘야 합니다.

물론 조금 불편할 수 있습니다. 그러나 작은 불편을 감수하는 것이 우리가 더 오랫동안 여행을 즐길 수 있는 방법입니다.

그럼 우리가 실천해볼 수 있는 것은 무엇일까요?

먼저 치약, 칫솔과 같은 일회용품 사용을 줄일 수 있습니다. 저는 여행시 항상 네임펜을 가지고 갑니다. 한 번 사용한 칫솔에 이름을 써서 여행 기간 내내 사용합니다. 침대커버가 더럽지 않으면 매일 갈지 않는 방법도 있습니다. 외출할 때는 에어컨과 전기를 꼭 끄고 나갑니다. 뷔페나 음식점에서 먹을 만큼의 음식만 시켜 먹고 음식을 남기지 않으려고 노력합니다.

예전과 달리 요즘 아이들은 어릴 적부터 여행의 경험이 많습니다. 여행의 경험이 많은 아이들은 성인이 되어서도 꾸준히 여행을 즐길 것입니다. 그래서 여행에서 환경에 대한 책임을 가지고 실천하는 태도를 배우는 것은 매우 중요합니다.

사소한 작은 실천이 모여 환경을 지키는 큰 힘이 되기 때문입니다. 여행은 한 번 갔다 왔다고 끝이 아닙니다. 여행은 끝이 났어도 끝난 게 아닙니다. 여행지에서의 행동은 나비효과처럼 여행지의 미래를 결정할 수 있습니다. 오염으로 폐쇄가 될 수도 있고 아름다움을 유지할 수도 있으니까요.

그래서 단 한 번의 여행도 그 끝은 아름다워야 합니다.

끝이 아름다우려면 환경에 대한 책임을 가지고 여행을 해야 합니다. 내가 여행을 마치고 돌아갔을 때도 여전히 그곳이 아름답고 깨끗할 수 있도록 말입니다.

합리적인 소비의 경험으로 가치있는 소비 습관을 기른다

여행은 살아있는 경제 교육의 장입니다. 여행에서는 물을 사 먹는 것부터 물건을 사는 것까지 다양한 소비가 이루어집니다. 아이들에게 실제적인 경제 교육이 가능하다는 이야기입니다.

여행에서의 경제 교육은 어떻게 이루어질까요? 먼저 아이들이 직접 돈을 관리하고 사용해보며 계획적이고 규모 있는 소비 습관을 기를 수 있습니다. 다양한 기준으로 물건을 선택하고, 구매해보는 경험은 아이들이 합리적으로 판단하여 소비하는 경제적 판단 능력을 키워줍니다. 또 물건을 흥정하고, 돈을 지불하고, 거스름돈을 받는 경험들은 화폐의 가치를 알며 시장 경제를 익힐 수 있습니다.

그래서 저는 여행을 갈 때마다 아이들에게 일정 금액을 용돈으로 줍니다. 이때 용돈을 주는 기준이 있습니다.

첫째, 여행지의 물가와 머무는 기간에 따라 금액을 산정하여 떠나기 전에 아이들에게 나눠줍니다. 금액의 절반은 아이들이 모아 놓은 용돈을 환전해줍니다. 여행지에서 쓸 금액의 반은 부모가 주고, 반은 아이들의 용돈인 셈입니다. 아이들은 부모가 전액을 줄 때보다 자신이 모은 돈을 쓰게 할 경우 좀 더 아껴서 사용합니다. 또한 용돈을 환전하여 줌으로 화폐의 가치가 다름을 알려주기 위해서입니다.

둘째, 여행하는 동안 용돈은 관리부터 사용까지 아이들 스스로 책임지게 합니다. 그리고 아이들의 의견을 최대한 존중하여 용돈을 사용할 때도 자율성을 보장해줍니다. 이는 스스로 돈을 소중하게 관리하고, 사용할 때 좀 더 신중한 태도를 가르치기 위해서입니다.

처음으로 용돈을 준 것은 푸켓 여행부터입니다.

당시 큰아이는 2학년, 작은아이는 7살이었습니다. 용돈을 주니 두 아들은 아주 신이 났습니다. 마음껏 쓸 수 있는 돈과 자유롭게 사용할 수 있는 기회가 생겼으니 얼마나 기뻤겠습니까. 아이들은 푸켓 중심거리인 빠통의 늘어선 상점들을 지나치며 무엇을 사야할지 행복한 고민에 빠졌습니다.

"엄마, 여기 기념품 상점에 들어가봐요."

"그래? 무얼 사고 싶은데?"

"그냥 구경하고 싶어서요."

아이들은 그냥 구경하겠다는 말과는 달리 상점에 들어가 사고 싶은 물건들을 하나둘씩 손에 들기 시작했습니다. 별로 필요없는 물건들 같아 보였습니다. '그걸 다 사려고? 당장 내려놓지 못해?'라는 말이 턱 밑까지 올라왔습니다. 그러나 아이들에게 마음껏 사용해도 좋다고 이미 약속한 돈이었습니다.

아이들이 단지 사는 재미 때문에 충동적으로 물건을 사는 것 같아 마음속에서 천불이 났습니다. 하지만 이러한 경험 속에서도 배우는 것이 있겠거니 하고 애써 참고 지켜보았습니다. 아이들이 불필요한 소비를 하지 않도록 질문을 하며 하부르타를 했습니다.

엄마: 그런데 그 물건들이 너희에게 꼭 필요한 거니?

큰아이: 그럼요. 이건 엄마랑 같이 보드게임 하려고 사는 거고, 이 코끼리는 기념품으로 사는 거예요.

작은아이: 이 보석상자는 물건 담아 놓을 거예요. 친구 선물도 주고요.

물건마다 필요한 이유가 있다고 하니 일단 사게 두었습니다. 아이들은 신이 나서 물건을 샀습니다. 그렇게 사다 보니 여행의 일정이 많이 남았는데 금세 주머니의 돈은 바닥이 났습니다. 이틀만이었습니다. 돈은 바닥났지만, 빠통 거리를 지나칠 때마다 사고 싶은 물건들은 넘쳐났습니다.

아이들은 슬슬 후회하기 시작했습니다. 한 번에 돈을 다 쓴 것을 후회하는 듯 했습니다. 더구나 큰아이가 산 보드게임은 불량이었습니다. 작은아이의 보물 상자에 붙어있는 반짝이는 보석들도 만지작거리니 똑똑 떨어지기 시작했습니다.

"이거 괜히 샀다. 팽이나 살 걸 그랬다."

'엄마가 그럴 줄 알았어. 그러기에 누가 그렇게 막 사래?' 하고 대뜸 말하고 싶었지만 꾹 참고 하브루타 해보았습니다.

엄마: 왜 괜히 산 거 같은데?

작은아이: 팽이가 더 재미있을 거 같아요. 이건 별로 필요 없을 거 같아요. 자꾸 반짝거리는 보석도 떨어지고.

엄마: 보석함이 왜 필요 없을 거 같아?

작은아이: 반짝이는 게 예뻐서 샀는데 반짝이는 보석이 떨어지니까 필요 없죠.

반짝이가 떨어져서 보석함이 필요 없다고 말하는 아이에게 보석함의 용도에 대해 알고 있는지 다시 질문했습니다.

엄마: 보석함은 무엇에 쓰는 물건이지?

작은아이: 소중한 것을 담을 때 쓰는 물건이죠. 내 보물 같은 거요.

엄마: 엄마 생각에는 반짝이가 떨어졌지만, 보석은 담을 수는 있을 거 같은데?

작은아이: 예쁜 보석함에 내 보물을 넣어놓고 싶거든요.

엄마: 그랬구나. 그런데 너에게 중요한 것은 보석을 담는 것이니? 반짝이는 예쁜 겉모습이었니?

작은아이: 전 예쁜 겉모습이요.

엄마: 반짝이가 떨어져 필요하지 않다면 그 물건은 너에게 꼭 필요한 물건이었을까?

작은아이: 죄송해요! 사실 그냥 예뻐서 샀어요.

아이는 하브루타 하면서 물건을 살 때 사용하는 용도에 맞게 물건을 구입해야한다는 사실을 깨달았습니다.

작은아이: 왜 자꾸 보석이 떨어질까요?

엄마: 시장에서 파는 물건은 싸게 만들어 팔려고 대충 만드는 경우도 많거든. 그래서 물건들은 가격도 보고, 얼마나 튼튼한지, 무엇으로 만들었는지, 여러 가지로 살펴보고 사야 해.

작은아이: 싼 게 좋은 게 아니었어요? 그럼, 비싼 걸 사야겠네요.

엄마: 비싸다고 무조건 좋은 것도 아니야. 싼 것 중에도 좋은 물건이 있거든.

저는 아이에게 물건을 사는 방법을 가르쳐주었습니다.

첫째, 물건을 살 때 원하는 물건인지 필요한 물건이지 구분하여 꼭 필요한 것만 삽니다. 원하는 물건을 사게 될 경우는 충동구매가 되고 과

소비할 수 있기 때문입니다. 둘째, 물건마다 쓰임새를 확인하고 돈에 맞는 가치가 있는지 확인합니다. 물건의 질이 가격에 적당한지도 생각해봅니다. 셋째, 가격, 모양, 재질과 같은 다양한 기준으로 비교해서 가장 좋은 물건을 선택합니다. 넷째, 일회용품이나 환경을 파괴하는 물건을 자제해야 합니다. 쉽게 망가져 버려질 물건은 사지 않습니다.

아이들은 사고 싶은 물건들을 충동적으로 구매하였습니다. 그리고 충동적으로 구매한 물건의 문제점들을 엄마와 하브루타 하면서 찾아갔습니다. 이러한 경험은 아이들에게 매우 의미가 있었습니다. 다음 여행부터 아이들은 용돈을 사용할 때 좀 더 신중한 모습을 보였기 때문입니다.

마음에 드는 물건이 있으면 무조건 샀던 아이들이, 다른 가게들을 둘러보고는 그중에 가장 필요한 것을 계획을 세워 구매하였습니다. 또 물건을 사기 전에 금액, 상태, 내구성, 만족성 등을 꼼꼼히 살펴보며 사는 습관이 생겼습니다. 또 금세 망가질 것 같은 물건들은 구입하지 않았습니다. 마지막으로 우리의 소비가 환경과도 연결되어 있음도 알게 되었습니다. 아이들이 경험을 통해서 가치 있게 소비하는 방법을 깨닫게 된 것입니다.

세계 백만장자의 20%가 유대인입니다. 역사적으로 수많은 박해를 받아왔고, 고난을 겪은 그들은 어떻게 부자가 됐을까요? 그 비결이 궁금합니다.

유대인들은 자녀들이 어릴 때부터 철저하게 경제 교육을 시킵니다. 이때, 특이한 점은 돈을 버는 것보다 쓰는 것을 먼저 가르친다는 것입니다.

유대인들은 쩨다카라는 저금통을 만들어 아이들에게 직접 동전을 넣어 저축하도록 지도합니다. 가정마다 차이가 있으나 보통 쩨다카 저금통을 2개 준비하여 하나는 어려운 이웃들을 돕고, 다른 하나는 이스라엘을 돕게 하여 이웃과 나라를 사랑하는 마음을 자연스럽게 키워준다고 합니다.

유대인들의 경제 교육은 부자가 되기 위한 교육이 아닙니다. 그들은 자녀들이 스스로 돈을 통제하고 돈에 대한 올바른 가치관을 갖게 하는데 중점을 둡니다. 돈을 숭배하는 것이 아니라 다스리도록 가르치는 것입니다.

그들은 아이들을 데리고 시장에 가서 직접 흥정을 하며 돈을 써보도록 합니다. 그리고 부모의 일터에 아이를 데리고 나가 함께 돕도록 합니다. 이러한 경험으로 수입과 지출, 경제의 중요성, 이익과 분배에 대해 자세히 알려줍니다. 또 힘들게 번 돈을 아껴 쓰는 절약도 함께 가르칩니다.

유대인은 남자 만 13세, 여자 만 12세가 되면 '바 미쯔바(Bar Mitzvah)'라는 성인식을 합니다. 가족과 친척들이 모두 돈을 모아 성경, 손목시계,

축의금을 축하선물로 줍니다. 축의금은 아이의 독립을 위한 종잣돈이 됩니다. 아이들은 이 축의금을 스스로 관리합니다. 어릴 때부터 책임감을 가지고 스스로 돈을 관리하는 법을 배우는 것입니다.

과연 우리나라 부모들은 어떨까요? 가치있는 소비보다는 욕구를 충족시키는 소비만을 가르치는 것은 아닐까요? 마트에 가면, 떼를 쓰는 아이에게 못 이겨 아이가 원하는 것을 사주는 부모를 종종 봅니다. 또 아이의 기가 죽을까봐 걱정이 되어 고가의 옷과 핸드폰을 사주는 부모도 많습니다.

몇 년 전 학생들 사이에서 백만 원이 훌쩍 넘는 등골페이스 패딩이 유행했습니다. 가격이 비싸 부모들의 등골이 휜다고 해서 등골페이스라고 불리웠는데, 패딩의 금액에 따라 아이들의 계급이 나뉜다는 뉴스를 보고 씁쓸했던 기억이 있습니다. 우리는 어쩌면 돈을 다스리는 것이 아니라 돈을 숭배하도록 가르치는 것은 아닐까 반성을 해봅니다.

우리도 아이들에게 가치있는 소비를 가르쳐야 합니다.

우리나라 옛말에도 개처럼 벌어서 정승처럼 쓰라는 말이 있습니다. 돈을 벌 때는 열심히 벌고, 쓸 때는 의미 있게 쓰라는 뜻입니다. 우리 선조들 또한 유대인과 같이 가치 있는 소비를 중시했었던 것입니다.

돈은 목적이 아닌 삶을 살아가는데 필요한 하나의 도구일 뿐입니다. 돈을 숭배하는 것이 아닌, 돈을 가치 있게 사용하며 다스릴 줄 알아야 하는 것입니다. 그러기 위해서는 내가 아닌 다른 사람과 나눌 수도 있어야 합니다.

그래서 아이들과 한 가지 약속을 정했습니다. 일정 금액을 내가 아닌 다른 사람을 위해 쓰라는 약속입니다. 아이들은 이 약속을 기쁜 마음으로 잘 지키고 있습니다. 시키지 않았지만 다른 사람을 위해 쓰는 돈이 점점 많아지고 있습니다.

경제 교육은 실생활에서도 꾸준히 이루어져야 효과가 높습니다. 그러나 여행은 좀 더 의미 있는 경제 교육을 할 수 있는 기회가 됩니다. 우리 아이들처럼 용돈을 관리하며 물건을 직접 사보면서 말입니다. 직접 용돈을 환전해보면서 나라마다 화폐가 다른 것을 알고, 화폐의 가치 또한 다름을 직접 체험할 수도 있습니다. 또, 시장에 나가 장사꾼들과 직접 흥정을 해보고 물건을 사며 자연스럽게 수입과 지출, 경제 개념을 익히게 됩니다. 마트나 백화점에서 정찰제로 물건을 사는 데 익숙한 우리나라 아이들이 쉽게 해볼 수 없는 경험인 것입니다.

공정무역으로
더불어 사는 세계에 눈을 뜨다

"필리핀 가면 매일 망고 먹을 거예요."

"그래? 그럼 엄마가 망고 많이 사줄 테니까 우리 실컷 먹고 오자."

평상시 망고를 좋아하지만 비싼 가격 때문에 양껏 먹지 못했던 큰아이가 필리핀에서 가장 기대하는 것은 망고였습니다. 필리핀에서는 우리나라 돈 삼천 원이면 커다란 망고를 5~6개를 살 정도로 저렴하기 때문입니다.

우리는 매일 망고를 사 먹었습니다. 필리핀에서 먹는 망고 맛은 그야말로 최고입니다. 싱싱한 망고를 싼 가격에 실컷 먹을 수 있는 것만으로도 필리핀 여행은 매력적입니다.

아이들과 망고를 먹던 중 문득 유치원 아이들에게 소개해 준 망고 이야기가 떠올랐습니다. 우리 아이들과도 함께 하브루타 해보고 싶어졌습니다.

엄마: 너희들 이 맛있는 망고에 슬픈 이야기가 숨어 있는 거 아니?

아이들: 망고에 슬픈 이야기가요? 들려주세요!

아이들은 호기심 어린 눈으로 나를 바라봤습니다.

엄마: 잠발레스 지역엔 아에타족이라는 부족이 있대. 이곳은 망고 농장으로 유명하다고 해. 그런데 이 사람들은 힘들게 농사를 짓고 열심히 망고를 따서 팔아도 늘 가난하게 산다는구나. 아이들이 학교에 가기 힘들 정도로 말이야. 이유가 뭘까?

큰아이: 농장을 가지고 있는 사람들이 왜 가난해요? 땅이 있으면 부자 아니에요?

큰아이는 이해가 안 간다는 듯이 내게 물었습니다.

엄마: 땅이 있어도 당장 먹을 음식과 입을 옷을 살 돈이 없으니까.

큰아이: 망고가 너무 싸서 그런가요? 필리핀 망고가 싸잖아요.

엄마: 우리가 망고를 1키로에 100페소(2,500원가량)를 주고 샀지? 그럼 농부들은 얼마를 벌까?

큰아이: 망고를 길러 팔았으니까 50페소는 받을 거 같아요.

작은아이: 저는 30페소 받을 거 같아요.

두 아이는 누가 가격을 맞췄는지 궁금해 빤히 나를 바라보았습니다.

엄마: 답은 4~5페소. 우리나라 돈으로 100원 정도 되지.

큰아이: 엥? 왜 그것 밖에 못 받아요? 그럼 나머지는 누가 다 가져요?

엄마: 상인들은 싸게 산 망고를 다시 마트나 과일가게 같은 곳에 40페소

에 판대. 우리는 그걸 다시 100페소에 사 먹는 거지. 농부는 4~5페소, 농부에게 망고를 산 상인은 35페소, 과일과게 주인은 60페소를 버는 거지.

큰아이: 그러면 아에타 사람들이 직접 팔면 되잖아요. 그럼 40페소는 받을 수 있을 텐데.

엄마: 그것도 좋은 방법이야. 그런데 아에타 사람들은 너무 가난해서 시장까지 망고를 팔러 갈 교통수단이 없거든. 그래서 상인들이 직접 차를 끌고 와서 망고를 사 가지고 가는 거지.

큰아이: 그럼, 들고 나가서 팔 수 없어요? 이렇게.

큰아이는 일어서서 망고를 머리에 이고 힘겹게 걸어가는 모습을 흉내 내며 말했습니다.

엄마: 그것도 좋은데 마을이랑 너무 멀리 떨어져 있어서 갈 수가 없대. 그래서 상인들에게 직접 싼 가격에 파는 거지. 그런데 돈을 조금 밖에 못 받는 농민들은 어떨까?

작은아이: 가난하게 살 거 같아요. 그래서 필리핀 아이들이 가난해서 학교도 못 가고 일했구나. 아프리카 아이들도 그렇고.

아이들은 학교에서 세계의 어려운 친구들에게 편지를 쓰고, 기부도 하는 프로그램에 참여한 것이 생각난 듯 말했습니다.

아이들과 이어 공정무역에 대해 이야기를 나누어 보았습니다.

공정무역이란 불평등한 무역구조로 생기는 부의 편중, 노동력 착취, 인권 침해, 환경오염 등의 문제를 해결하고자 하는 사회운동입니다. 특히 개발도상국의 농가와 공정한 가격에 거래를 하는 무역을 말합니다.

엄마: 우리가 사 먹는 망고가 1,000원이라면 농부, 시장 상인, 마트 상인이 공정하게 돈을 어떻게 나눌 수 있을까?

작은아이: 똑같이 500원씩 벌면 공평할 거 같아요.

큰아이: 저는 농부가 700원, 파는 사람이 300원 가졌으면 좋겠어요.

엄마: 왜 그렇게 생각해?

큰아이: 농부는 망고를 농사짓는 데 오랜 시간이 걸리잖아요. 파는 사람은 팔기만 하면 되니까요. 망고 농사짓는 사람이 제일 많이 벌어야죠.

공정무역을 하는 제품에는 공정무역 마크가 있습니다.

망고, 커피, 바나나, 카카오, 와인, 꿀 등 공정마크가 있는 상품은 다양합니다. 아이들은 공정마크가 있는 물건을 사면 좋다는 말에 망고에서 공정마크를 찾기 시작했습니다. 그리고 공정무역에도 관심을 가졌습니다.

집으로 돌아와 함께 공정무역 건망고를 사서 먹었습니다. 아이들은 자신이 산 망고로 농부들도 공정하게 돈을 벌 수 있다는 사실을 기뻐하였습니다. 아이들이 세상을 바라보는 새로운 눈을 뜬 것이지요.

지구는 점점 가까워졌습니다. 비행기를 타면 세계 어디든 갈 수 있습니다. 인터넷과 전화를 통하여 세계의 정보들을 어디서든 쉽게 주고받을 수도 있게 되었습니다. 더불어 경제나 문화의 교류가 국경을 넘어 전 세계를 무대로 하고 있습니다. 우리는 이를 글로벌 시대라고 하지요.

글로벌 시대를 살아가는 우리는 함께 해결해야할 문제들이 있습니다. 환경오염, 경제 불균형, 자원 고갈, 빈곤 등과 같은 문제들이죠. 이는 더 이상 한 나라의 문제가 아닙니다. 한 나라만이 노력한다고 해결할 수도 없는 일이죠. 전 세계 사람들이 함께 도우며 해결해야 할 문제인 것입니다.

4차 산업혁명 시대를 살아갈 우리 아이들에게 요구되는 능력 중 하나가 협동심입니다. 함께 힘을 모아 문제를 해결해나가는 능력이지요. 그런데 함께 힘을 합쳐 문제를 해결하기 전에 중요한 것이 하나 있습니다. 무엇일까요?

문제를 해결하기 위해서는 무엇이 문제인지 찾아내야 합니다. 그리고 그것이 왜 문제인지 알아야 하는 것이죠. 즉, 세상을 구석구석 바라볼 수 있는 눈과 비판적 사고를 가져야 한다는 뜻입니다.

우리 아이들은 하브루타를 통해 달콤한 망고에 숨겨진 문제점을 찾아냈습니다. 그리고 어떤 것이 공정한 것일까? 어떻게 하면 해결할 수 있을까?라는 질문을 하며 비판적 사고를 기를 수 있었지요.

필리핀에서 망고를 먹으며 나눈 하브루타에 아이들의 가슴에 더 와

닿은 이유는 무엇일까요?

그건 아이들 눈으로 직접 필리핀 사람들의 어려운 생활 모습을 보았기 때문일 것입니다. 세상을 바라보는 눈은 세상에 직접 나가서 볼 때 더 넓어지고, 자세히 볼 수 있는 법입니다. 그리고 직접 볼 때 더욱 절실하게 느끼는 것이죠.

여행에서 돌아온 후 아이들과 필리핀 망고를 추억하며 공정무역 제품인 페어데이 건망고를 사 먹었습니다. 우리의 작은 변화 하나가 아에타 마을 사람들에게 조금이라도 전달되기 바라면서 말입니다.

"우리가 사준 망고 덕분에 농부 아저씨들이 부자가 됐음 좋겠어요."

"저는 아이들이 학교에 갔음 좋겠어요."

망고를 먹으며 아이들은 작은 소망을 이야기 했습니다. 세계의 사람들과 함께 더불어 잘 살기 바라는 예쁜 소망을 말이죠.

낯선 만남이 아이를 성장시킨다

몰디브는 인도양 스리랑카 남서부에 위치했습니다. 약 1,200개의 산호섬으로 이루어진 섬나라입니다. 몰디브의 리조트섬에는 보통 하나의 리조트만 있습니다. 리조트마다 섬 하나를 통째로 이용하고 있는 셈이죠. 때문에 프라이빗한 여행을 즐기고 싶은 신혼부부에게 인기가 많은 곳이기도 합니다.

몰디브는 고도가 낮아 50년 뒤에는 수몰될 위기에 처해있다고 합니다. 그래서 늦기 전에 한 번쯤은 꼭 가보고 싶었습니다. 우리는 본 섬 말레에서 수상비행기를 타고 다시 한 시간정도 거리에 위치한 리조트를 예약했습니다.

처음 타보는 수상 비행기라 신기하기도 하고 마음이 들떴습니다. 우리를 더 들뜨게 한 것은 바다 풍경이었습니다. 몰디브의 바다는 한 폭의 그림 같았습니다. 마치 푸른 캠퍼스 위에 똑, 똑, 떨어뜨린 물감이

번지며 원을 그려놓은 듯 산호섬들이 바다를 아름답게 물들여 놓았습니다.

바다 풍경을 바라보느라 지루할 틈도 없이 리조트에 도착하였습니다. 그리고 바로 체크인을 했습니다. 그곳에는 중국 사람으로 보이는 한 가족이 체크인을 하고 있었습니다. 우리 아이들과 비슷한 또래의 여자아이도 있었습니다.

체크인을 하는 동안 아이들은 로비 앞에서 모래놀이를 하였습니다. 여자아이는 우리 아이들이 모래놀이 하는 모습을 지켜보더니 슬쩍 다가왔습니다. 그리고 옆에 앉아 함께 모래놀이를 하였습니다. 큰아이는 불쑥 옆에 앉은 여자아이를 보고는 어리둥절한 듯 바라보았습니다.

여자아이는 해맑게 웃으며 '하이' 하고 인사를 했습니다. 큰아이는 웃으며 인사하는 아이를 보며 쑥스러운 듯 '하이'하고 인사를 나눴습니다. 낯을 많이 가리는 작은아이는 수줍은 듯 제 뒤로 숨었습니다. 저는 아이들에게 여자아이와 이야기를 나눠보게 하였습니다.

여자아이는 상하이에서 온 신디라는 친구였습니다.

큰아이와 나이가 같았습니다. 서로 인사를 주고받은 후 우리는 각자의 룸을 안내 받고 헤어졌습니다. 그리고 그날 밤 우리는 레스토랑에서 다시 만났습니다.

섬 안의 리조트에서만 머무는 몰디브 특성상 레스토랑을 이용할 때마다 우리는 자연스럽게 서로 마주쳤습니다. 신디는 매우 적극적인 아이였습니다. 쑥스러움이 많은 우리 아이들에게 먼저 다가와 항상 '하이'하고 인사를 했습니다. 그리고 식사를 한 뒤 레스토랑 앞 바닷가에서 우리 아이들과 함께 놀이를 했습니다.

아이들은 한데 모여 숨바꼭질도 하고 다양한 놀이를 했습니다. 우리 아이들은 영어를 잘하진 못했지만, 노는 데는 전혀 문제가 되지 않았습니다. 시간이 흘러 아쉬운 이별의 순간이 다가왔습니다. 며칠만에 정이 흠뻑 들은 아이들은 헤어짐을 아쉬워했습니다. 그리고 끝내 눈물을 보였습니다.

아이들은 서로의 나라에 오면 연락을 하기로 인사를 나누었습니다. 그리고 부모들끼리 서로 이메일을 주고받았습니다. 너무나 아쉬워하는 아이들과 함께 잠시 하브루타를 나눠 보았습니다.

엄마: 여행에서 친구를 만난 것을 어떻게 생각해?

작은아이: 정말 행운이었어요. 몰디브에 와서 외국 친구를 만나다니 너무 기뻐요. 처음엔 쑥스러웠는데 그래도 같이 노니까 좋았어요.

큰아이: 친구 부자가 되는 거 같아요. 대만에는 첸, 일본에 가면 후지, 서울에 가면 기훈이, 제주도 가면 루호……. 여행을 할수록 친구가 많아져서 좋아요.

엄마: 그렇구나. 친구가 많아졌네.

큰아이: 상하이는 어디에 있는 나라예요? 가보고 싶어요.

엄마: 상하이는 중국이야. 신디 만나러 가야겠는데?

아이들: 좋아요.

여행은 사람과의 관계 맺음입니다. 의도하든, 의도하지 않든 많은 사람을 만나게 됩니다. 여행 가이드부터 물건을 파는 사람, 또는 함께 투어를 가는 사람들까지 다양한 사람을 만납니다. 이 만남들 중에 잠시 스쳐가는 인연이 아닌 좀 더 깊은 인연을 만날 수도 있는 것이 여행입니다.

여행지에서 낯선 사람을 만나면 아이들은 처음에 낯을 가리거나 쑥스러워 하는 경우가 많습니다. 특히 외국인일 경우에는 더 심하지요. 관심은 있어도 언어에 자신감이 없어 다가서지 못하는 경우도 많습니다.

아이들에게 이런 낯선 만남은 큰 의미가 있습니다. 낯설음을 극복한다면 자신감과 유능감을 기를 수 있기 때문입니다. 또, 다른 사람들과 사회적 관계를 맺으며 친사회적 기술을 익히는 데도 도움이 됩니다. 더불어 다양한 인종, 언어, 문화를 직접 경험해볼 수 있는 기회가 될 수도 있습니다.

그러나 아이들을 데리고 가는 가족여행에서 외국 친구를 만들어 주는 것은 쉬운 일이 아닙니다. 가족과 함께 시간을 보내기도, 여행 일정을 소화하기도 바쁘기 때문이죠. 가장 좋은 방법은 여행의 기간을 길게, 한 장소에서 머무는 것이지만 그것 또한 힘든 일입니다.

그러면 아이들에게 관계 맺음을 경험하게 하려면 부모는 어떻게 하면 좋을까요?

첫째, 부모가 먼저 적극적으로 다른 사람과 관계를 맺는 모습을 보여주세요.

부모는 아이의 거울입니다. 아이는 부모의 사고, 행동을 보고 따라하며 배웁니다. 부모가 먼저 다른 사람을 경계하고 멀리하면, 아이들도 경계하기 마련입니다. 반대로 적극적으로 대하면 아이들도 적극적으로 반응을 하겠죠.

실제로 전 호텔에서 만나는 호텔리어, 물건을 파는 상점 주인, 여행 가이드 등 만나는 사람들에게 먼저 "굿모닝!" "헬로우"하며 인사를 잘 건넵니다. 여행지에서 만나는 한국인이나, 저희 아이들 또래가 있는 부모들에게도 먼저 말을 잘 붙입니다. 외국인에게도 그렇고요. 그리고는 우리 아이들에게 꼭 인사를 나누도록 합니다.

처음엔 아이들도 무척 쑥스러워하며 "굿모닝!" "헬로우" 인사를 나누었습니다. 아이들은 한 마디 인사 나눈 것에도 어깨가 으쓱해졌습니다. 그리고 더 많은 대화를 나눠보고 싶어 했습니다. 자연스럽게 영어에도 관심이 생겼습니다.

제가 다른 사람들에게 말을 건네고, 인사를 나눌 수 있는 기회를 주었을 뿐인데 이제는 도어맨과 친구가 될 정도로 다른 사람들과 쉽게 친해지곤 합니다.

둘째, 호텔의 어린이 시설과 프로그램을 이용해 보세요.

저는 호텔을 알아볼 때 키즈클럽과 같은 어린이 전용 시설과 프로그램을 미리 알아보고 예약을 합니다. 비슷한 조건이면 키즈클럽 시설이 좋거나, 다양한 프로그램이 있는 곳을 선택합니다.

어린이 프로그램이 있는 호텔 중에는 꽤 재미있는 프로그램을 운영하는 곳도 많습니다. 저는 이런 곳을 이용하여 자연스럽게 여러 나라의 친구들과 어울리는 경험을 만들어 주었습니다.

푸켓의 한 리조트는 요일과 시간대별로 다양한 프로그램을 운영하는 것으로 유명합니다. 우리 아이들은 해적들과 함께 리조트를 돌아보며 숨겨진 보물을 찾는 프로그램에 참여하였습니다. 10명 정도의 아이들과 함께 참여했는데 아는 영어로 대화를 이어나가며 적극적으로 활동에 참여하는 모습이 인상적이었습니다.

영어 10년을 공부해도 외국인과 한 마디 말을 못 하는 어른들도 많습니다. 그런데 영어 학원을 한 번도 다닌 적 없는 아이가 외국인들과 이야기하는 데에 주저함이 없는 것입니다. 여행의 경험 때문이겠죠. 물론 완벽한 의사소통은 할 수 없습니다. 그러나 바디랭귀지와 아는 단어를 이용해 외국인과 적극적으로 소통하는 아이를 보며 전 걱정하지 않습니다. 영어 또한 소통의 도구일 뿐이기 때문입니다.

셋째, 여행을 통한 낯선 만남에는 안전도 지킬 줄 알아야 해요.

여행에서는 많은 사람을 만납니다. 다양한 직업과 인종, 연령의 사람들을 만나게 되죠. 여행은 만남의 연속입니다.

주의할 점은 다양한 사람들과 어울려보는 경험이 중요해도, 여행지에서 낯선 사람에 대한 경계는 필요하다는 것입니다. 특히나 나에게 이유 없이 친절하게 다가오는 사람은 조심할 필요가 있습니다.

제가 호텔리어, 상점 주인, 가이드와 같이 신분이 명확한 사람들에게 인사 나누기를 하는 이유입니다. 호텔 키즈클럽이나 프로그램은 호텔에 투숙하는 사람만 참석할 수 있으므로 안심할 수 있습니다. 또 아이들이 있는 가족 여행객 또한 대체로 믿을 수 있습니다.

좋은 사람만을 만난다면 다행이겠지만, 그렇지 못한 경우도 있습니다. 소매치기를 만날 수도 있고, 속이는 사람을 만날 수도 있습니다. 그래서 여행을 하기 전에 만일의 상황에 대해 하브루타 해보는 것이 도움이 됩니다. 비상 상황에서 대처를 할 수 있기 때문입니다.

"만약 둘만 있는 곳에서 다른 사람이 마실 음료수를 준다면 어떻게 할래?"

"위험한 사람은 어떤 사람일까? 어떻게 구분할 수 있을까?"

다양한 상황을 질문하여 아이들 스스로 대처방법을 생각해보도록 하는 것이 좋습니다. 하지만 지나치면 아이들이 경계심이나 두려움을 가질 수 있으므로 주의를 주는 정도로 이야기하는 것이 좋겠죠.

아이들에게 만남은 도전과 같습니다. 쑥스러움을 이겨내야 하고, 낯선 사람에게 직접 말을 해야 하기 때문입니다. 때론 영어로, 바디랭귀지로 말이죠. 작은아이처럼 쑥스러움이 많은 아이에게는 결코 쉬운 일이 아닙니다. 그래서 말 한 마디 건네는 것이 아이에게 큰 성취감을 줄 수 있습니다.

실제로 경험이 반복될수록 우리 아이들은 변화했습니다. 점점 자신감 있게 사람들에게 인사를 건넸고, 사회성도 좋아졌습니다.

푸켓 여행 갔을 때 큰아이는 도어맨과 친구가 되었습니다. 또 필리핀 여행에서는 일본, 한국, 대만 친구들을 사귀어 매일 밤 로비 앞 광장에 모여 함께 놀았습니다.

만남은 여행을 기대하게 하는 또 하나의 이유입니다. 짧은 만남이라도 그 여운은 결코 짧지 않습니다. 여행의 낯선 만남은 아이를 성장시킵니다. 이는 관광지에 가서 사진을 찍는 것보다 더 값진 경험이 될 수 있습니다. 여러분의 여행에서도 귀한 기회가 다가오길 바랍니다.

그러나 명심하십시오! 부모가 먼저 다가갈 때, 낯선 만남의 기회도 잡을 수 있다는 것을.

여행이 영어공부의 가장 큰 동기부여가 된다

큰아이: Hello. where are you from?

외국인: I am from china

큰아이: Nice to meet you. I'm from korea

외국인: Nice to meet you. Are you traveling?

큰아이: Right. I'm traveling with my family.

큰아이는 이제 6학년입니다. 이제까지 영어 학원 한 번 다녀본 적이 없습니다. 앞에서도 밝혔듯 저는 학원비가 아깝습니다. 영어 유치원 한 달 교육비가 100만 원이라는 소리를 들었습니다. 세상에나! 한 달 100만 원이면 1년에 1,200만 원! 그 돈이면 우리 가족 모두 여행을 가도 몇 번을 갈 수 있겠다는 생각이 먼저 듭니다.

실제로 그 돈 모아서 여행을 다녔습니다. 매달 꼬박꼬박 여행통장에

돈을 모아 방학이면 세상 밖으로 아이들을 데리고 나갔습니다. 그렇게 아이들과 여행을 다닌 지 12년이 되었습니다. 덕분에 아이들은 여행의 다양한 경험을 하며 성장했습니다.

원어민처럼 유창하게 영어를 말하는 아이를 보곤 합니다. 어떻게 저렇게 영어를 잘할까 궁금하고 부럽기마저 합니다. 사실 우리 아이들도 영어를 잘했으면 좋겠습니다. 국경이 사라지고 있는 글로벌 시대에서 영어는 반드시 필요한 소통능력이기 때문입니다. 하지만 크게 걱정은 하지 않습니다. 여행을 하면서 아이들 스스로 영어의 필요성을 느끼기 때문입니다. 영어를 스스로 하려는 내적 동기가 생겼다는 뜻이기도 합니다.

큰아이가 3학년때 쯤 학교에서 처음 영어를 배우기 시작할 무렵부터였습니다. 여행을 하며 아이가 나에게 영어를 묻기 시작했습니다.

"엄마, '얼마예요?'가 영어로 뭐예요?"

"How much is it?"

"'화장실이 어디예요?'는요?"

"Where is the restroom?"

큰아이는 나에게 한 마디씩 영어를 묻기 시작했습니다. 작은아이도 형을 따라했습니다. 그렇게 한두 마디씩 간단한 영어로 이야기해보며 스스로 영어에 관심을 보였습니다. 익힌 영어로 외국인과 대화를 시도했습니다.

Where are you from?
I'm from china.
Are you treveling?

외국인과 나누는 한두 마디 영어였지만 아이들은 뿌듯해하며 점점 적극적인 모습을 보였습니다. 리조트의 키즈클럽에서 만난 외국 아이에게 먼저 인사를 하고, 함께 놀이를 했습니다. 상점에 가서도 혼자 쇼핑을 즐겼습니다. 위치를 모르는 물건은 점원에게 도움을 청하기도 하고, 시장에서는 물건을 깎아 구매를 하였습니다. 레스토랑에서도 원하는 음식을 주문하고 필요한 것을 스스로 요구하기도 했지요.

큰아이는 유창한 영어 실력이 있는 것은 아닙니다.

다만 외국인과의 대화를 겁내지 않습니다. 오히려 한마디라도 더 해보고 싶어 하지요. 영어로 말하기에 재미를 붙인 아이와 함께 하브루타를 해보았습니다.

엄마: 영어로 말해보니까 어때?

큰아이: 재밌고 신기해요.

엄마: 어떤 점이 신기했을까?

큰아이: 내가 외국 사람과 이야기를 하잖아요. 말이 통한다는 게 너무 신기해요.

엄마: 영어를 잘한다는 것은 어떤 의미가 있을까?

큰아이: 친구를 더 많이 사귈 수도 있고, 세계 어느 나라에 가서도 살 수 있을 거 같아요.

우리나라의 영어교육은 문법과 독해 중심이었습니다. 의사소통 능력이 아닌 시험 점수를 잘 받는 것이 목표였습니다. 그러다 보니 어느 영어 학원 광고처럼 10년을 공부해도 말 못 하는 사람들이 많습니다.

왜 그럴까요? 영어를 익히는 방법이 틀렸던 것입니다.

예를 들어 자전거 타기를 배우려면 밖으로 나가 자전거를 직접 타봐야 합니다. 그래야 균형을 잡는 법, 패달을 돌리는 법, 속도를 조절하는 법을 몸으로 터득할 수 있습니다. 만약 자전거 타기를 공부한다고 상상해보십시오. 자전거의 구조와 타는 방법, 순서 등을 달달 외워 시험을 본다면 어떨까요? 자전거에 대한 지식은 많아질 수 있으나 자전거 타기는 힘들 것입니다.

영어도 마찬가지라고 생각합니다. 직접 영어를 사용하는 세상으로 나가 귀로 듣고, 말해보면서 영어가 어떻게 쓰이는지 몸으로 터득해야 합니다. 당연히 영어권의 나라에서 살아보는 것이 가장 효과가 크겠죠. 우리가 모국어를 배울 때 문법과 독해를 공부하지 않았어도 한국어를 잘할 수 있는 것처럼.

그러나 외국에 나가 살 수 있는 상황이 안 되니 여행을 하며 경험해보는 것입니다. 영어는 세계 어디를 가든 먹고, 자고, 살기 위해 꼭 필요한 의사소통의 도구임을 아이들 스스로 터득하게 하는 것이죠. 그러기 위해선 직접 들어보고, 말해보는 경험이 필요합니다.

큰아이가 5학년 때, 아파트 현관문에 전화 영어 광고지가 붙어 있는 것을 발견했습니다.

"전화 영어가 뭐예요?"

큰아이가 관심을 보였습니다.

"외국 선생님과 전화로 영어 대화를 나누는 거야."

"저도 한 번 해보고 싶어요. 그래도 돼요?"

학원비가 아깝고, 굳이 학원을 보내려고 하지 않지만 아이들이 원하면 상황이 달라집니다. 그래서 5학년 때 태권도와 피아노 학원을 보내주었습니다.

학원을 별로 좋아하지 않는 엄마를 알아서일까요?

태권도를 다니고 싶었던 큰아이는 혼자 태권도장을 찾아갔습니다. 관장님께 학원비를 물어보고 다니겠다고 말을 하고 와서는 저에게 부탁 아닌 통보를 해서 놀라게 한 적이 있습니다. 그런데 이번에는 전화 영어라니요? 항상 노는 시간이 부족하다고 말하는 아이라 염려가 되었습니다.

"피아노도 하고, 태권도도 하는데 힘들지 않을까?"

"괜찮아요. 할 수 있어요."

"태권도를 그만두는 건 어때?"

"그건 안돼요. 6학년 때까지 태권도는 꼭 하고 싶어요. 해보고 힘들면 말할게요."

아이는 여행의 경험 속에서 영어의 필요성을 알고 스스로 영어를 잘 하고 싶은 마음이 생겼습니다. 여행의 경험들이 동기부여가 된 것입니다.

그렇게 해서 큰아이의 전화 영어가 시작되었습니다. 아이의 영어 선생님은 미국 캘리포니아에 사는 분이었습니다. 아이는 선생님과 대화 나누는 시간을 무척 좋아합니다. 전화 영어에서는 다른 영어 학원들처럼 영어 단어를 외워 시험을 보거나, 문법을 따로 공부하지는 않습니다. 영어로 듣고 말하는 시간이지요. 대신 집에서 영어책을 함께 읽고 있습니다.

큰아이는 여전히 노는 시간이 부족하다고 말할 때가 있습니다. 안타까운 마음에 전화 영어를 그만 두어도 된다고 말하면 아이는 무슨 일이 있어도 그것만은 포기 할 수 없다고 말합니다.

큰아이는 다음 여행을 기다리고 있습니다. 전화가 아닌 세상 밖으로 나가 영어로 대화를 나눠보고 싶기 때문입니다. 여행이 동기부여가 되어 영어를 배우게 되고, 다시 여행에서 직접 사용해보고 싶어 하는 아이를 보며 기특한 마음이 듭니다. 여행의 가치를 제대로 알아가고 있구나 하고 말이죠.

저 또한 여행을 갈 때마다 영어 공부를 더 해야겠다는 다짐을 하게 됩니다. 어떠한 문제 상황이 생겨 해결하기 힘들 땐 더욱 확고해집니다.

필요성을 느끼고, 나의 부족함을 느낄 때 동기부여가 되는 법입니다. 공부해라 열 번 잔소리하는 것보다, 한 번 아이가 느끼는 것이 더 중요합니다. 관심도 없는 아이 시간 맞춰 학원에 보내놓아도 외국인 앞에서 입 한 번 뻥긋 못하면 소용없습니다. 영어는 다른 사람과 의사소통하는 언어이니까요.

여행을 떠나 아이가 직접 귀로 듣고. 말하는 경험을 시켜주세요! 영어를 배우는데 있어 여행은 가장 크고 확실한 동기부여가 될 것입니다.

세상을 바라보는 또 하나의 눈을 얻다

옛날 인도의 왕이 신하들에게 진리에 대해 말을 하려고 했습니다. 왕이 잠시 생각한 후 대신을 시켜 코끼리 한 마리를 몰고 오도록 했습니다. 그리고 장님 여섯 명을 불러 손으로 만져보고, 자기가 아는 대로 코끼리에 대해 말해 보도록 하였습니다. 제일 먼저 코끼리의 이빨을 만진 장님이 말하였습니다.

"폐하, 코끼리는 무같이 생긴 동물입니다."

그러자 이번에는 코끼리 귀를 만졌던 장님이 말했습니다.

"아닙니다. 이 코끼리는 곡식을 까불 때 쓰는 키같이 생겼습니다."

옆에서 코끼리의 다리를 만지던 장님이 큰 소리로 말하였습니다.

"폐하. 둘 다 틀렸습니다. 제가 보기엔 코끼리는 커다란 절구공이같이 생긴 동물이옵니다."

코끼리 등을 만진 이는 평상같다고 하고, 배를 만진 이는 장독같이 생겼다 했습니다. 뿐만 아니라 꼬리를 만진 이는 밧줄같이 생겼다고 하며 서로 자신이 옳다고 다투기 시작했습니다. 왕은 그들을 모두 물러가게 하고 신하들에게 말하였습니다.

"보아라. 코끼리는 하나이거늘, 저 여섯 장님은 코끼리에 대해 제각기 자기가 알고 있는 것만을 이야기하면서도 조금도 부끄러워하지 않는구나. 진리를 아는 것 또한 이와 같은 것이니라."

불교 경전인 「열반경」에 소개된 맹인모상에 관한 이야기입니다. 장님이 코끼리를 만진다는 뜻입니다. 전체를 보지 못하고 자기가 아는 부분만 가지고 고집을 한다는 말이지요.

한 부분이 아닌 전체를 볼 줄 아는 능력을 우리는 통찰력이라고 합니다.

통찰력이 높은 사람은 새로운 사물이나 상황을 판단해서 전체를 꿰뚫어 볼 줄 압니다. 현재 자신의 상황을 정확히 파악하고, 지식과 경험을 종합해서 미래를 준비할 수 있는 것입니다. 급변하는 시대를 살아가는 우리 아이들에게 꼭 필요한 능력이지요.

만약 통찰력이 부족하다면 어떻게 될까요?

편견을 갖기 쉽습니다. 여섯 명의 장님들이 자신이 만진 코끼리의 한쪽 면을 마치 전체인 것처럼 판단하는 것을 말합니다. 편견이라는 단어 prejudice는 라틴어로 praejudicium으로 '이른 판단'이란 뜻입니다. 즉, 편견은 전체를 알기도 전에 사람이나 사물들을 미리 판단하는 것입니다. 편견은 주로 인종, 성별, 인종, 나이, 종교, 외모 등에 많이 나타납니다. 편견이 많은 사람들은 부정적인 평가와 부정적인 감정을 가집니다. 따라서 글로벌 시대를 살아가는 우리 아이들은 편견 없이 사고하며 판단할 수 있어야 합니다.

그러면 통찰력을 지닌 아이로 키우기 위해 어떻게 해야 할까요?

첫째, 다양한 경험이 필요합니다.

끓는 냄비를 만져 본 아이는 손으로 함부로 만져선 안 된다는 사실을 압니다. 경험은 곧 지식이자 지혜입니다. 따라서 경험을 많이 한다는 것은 시야와 판단 기준이 넓어지고 깊어졌다는 뜻입니다. 우물 안의 개구리가 우물 밖으로 나와 세상의 풍경을 바라보는 것이지요. 다양한 경험을 한 아이는 당연히 부분이 아닌 전체를 볼 수 있게 됩니다.

여행의 경험은 아이들에게 우물 밖으로 나와 더 넓은 세상을 보게 하는 것입니다. 우리 동네만이 아닌 우리나라 전체를, 우리나라만이 아닌 세계를 보는 것이지요. 이러한 경험은 각 지역, 나라마다 다른 문화, 인종, 종교, 특성 등을 직접 경험하며 다양한 각도로 세상을 바라볼 수 있게 합니다. 세이셸에서 처음 본 흑인을 무서워했던 작은아이가 경험을 통해 다양한 인종을 이해했던 것처럼 말입니다.

이처럼 여행의 경험이 반복될수록 아이들의 시야는 더욱 넓어집니다. 또 다양한 각도로 바라볼 수 있도록 도와주지요. 여행의 경험이 중요한 까닭입니다.

둘째, 아이에게 질문을 많이 해야 합니다.

질문을 통해 아이들은 생각을 하게 됩니다. 이때, 뻔한 질문에서부터 상상해보는 질문, 미래를 예측해 보는 질문 등 다양한 질문을 할수록 아이들은 다양한 각도로 생각을 하게 됩니다.

예를 들어, 여행을 준비하기 전 나누는 하브루타는 현재의 상황에서 지식과 경험을 종합하여 미래를 대비하는 경험을 줍니다.

"여행에 갈 때 필요한 것이 무엇이 있을까?"(뻔한 질문)

"만약 여행지에서 비가 온다면 무엇이 필요할까? "(상상 질문)

"우리가 여행을 갈 때 날씨는 어떨까?"(미래를 예측해보는 질문)

질문을 통하여 미래를 예측하고 문제를 해결해보는 경험은 아이들의 통찰력을 키우는 데 도움이 됩니다.

셋째, 정해진 틀에서 벗어나야 합니다.

이제까지 우리는 권위주의적이고 획일화된 교육을 해왔습니다. 그러다 보니 자연스럽게 공동체에 맞는 획일화된 생각과 행동을 선호합니다. 예를 들어 학생의 머리는 짧아야 하고, 어른의 말에는 무조건 따라야 합니다. 공동체에서 다수가 '예스'라고 말할 땐 생각이 달라도 '예스'라고 대답해야 했지요.

당연히 개인의 개성은 존중받지 못했습니다. 이는 아이들의 창의성과 자기 주도적인 행동을 저해하는 결과를 가져왔고요. 그래서 더욱 아이들에게 고정관념의 틀에서 벗어나 새로운 관점에서 문제를 재해석해보는 경험이 필요합니다. 약점을 강점으로 바꿔 생각하고, 새로운 것을 창조해낼 수 있는 계기가 되기 때문입니다.

여행은 그 자체가 일상이라는 틀에서 벗어나는 것입니다.

계획을 세웠더라도 계획대로 안 될 수 있는 것이 여행입니다. 예상하지 못한 문제들이 발생하기 때문입니다. 보홀 여행 때 배의 연착으로 모든 계획이 틀어졌던 것처럼 말이죠.

계획도 하나의 정해진 틀입니다. 이러한 틀이 깨진다고 해서 걱정하고 조바심 낼 필요는 없습니다. 오히려 아이들에게는 산 교육이 됩니다. 돌발 상황에서 아이들과 함께 대안을 찾아 해결하고, 새로 찾은 대안에 만족하는 경험이 반복될 때 전체를 꿰뚫어 볼 수 있는 통찰력이 발달하기 때문입니다.

여행은 지역마다, 나라마다 다른 풍경과 문화, 생활양식 등을 직접 보며 배우는 시간이 됩니다. 그러나 여행의 묘미는 여러 가지 상황과 사건을 몸으로 부딪쳐 직접 해결해보는 데 있습니다. 이러한 경험은 아이들의 시야와 판단 기준을 넓혀주고, 통합적으로 사고하게 만들어줍니다.

여행 하브루타는 아이들의 경험을 극대화시켜줍니다. 통찰력을 키우는 데도 당연히 효과적입니다. 다양한 상황 속에서 질문을 통해 스스로 문제를 해결해 나가는 과정 자체가 여행 하브루타이기 때문입니다.

영화 〈죽은 시인의 사회〉에 이런 장면이 나옵니다. 부모가 바라는 미래만을 꿈꾸며 엄격한 학교 규율에 맞춰 살아가는 학생들에게 키팅 선생님이 책상 위로 올라가 말을 합니다.

"내가 왜 이 위에 섰을까?
이 위에선 세상이 무척 다르게 보이지.
잘 알고 있는 거라도 다른 시각에서 봐라.
틀리거나 바보 같아도 반드시 시도해라."

바야흐로 로봇이 인간의 지식을 초월하는 AI(인공지능) 시대가 열렸습니다. 이제는 지식을 많이 쌓느냐가 크게 중요하지 않습니다. 필요한 지식은 키보드만 두드리면 어떤 정보이든지 쉽사리 찾아낼 수 있기 때문입니다.

이는 곧 인간만이 할 수 있는 고유한 능력이 중요해졌다는 뜻입니다. 넘쳐나는 지식들 중에서 필요한 정보를 찾아내어 조합하고, 새로운 해결 방법을 찾아 미래를 대비할 수 있는 통찰력 같은 능력 말입니다.

'진정한 여행이란 새로운 풍경을 보는 것이 아니라 새로운 눈을 가지는 데 있다.'

마르셀 푸르스트가 말했습니다.

세상을 바라보는 또 하나의 눈을 얻는 법. 여행!

제가 아이들을 데리고 여행을 가는 이유 중의 하나입니다.

더 넓은 세상 밖으로 아이들을 데리고 나가십시오. 더 많은 질문으로 아이들의 생각을 확장시켜주십시오. 더 이상 좁은 책상에서 지식만을 채우지 말고, 넓은 세상으로 나가 지혜를 쌓을 수 있도록 도와주시길 간곡히 바랍니다. 그것이 나무가 아닌 숲을 볼 줄 아는 아이로 키우는 방법입니다.

추억은 고난을 이기는 힘이 된다

"세상에서 너는 어떤 게 가장 소중해?"

"난 우리 가족과 함께한 추억이 가장 소중해요."

"가족과의 추억이 왜 소중한데?"

"추억을 생각하면 행복하니까요."

추억이 가장 소중하다는 아이의 말에 흐뭇해집니다. 가족과의 추억을 떠올리면 행복하다고 하니 더 많은 추억을 만들어줘야 할 것 같습니다.

가족과 함께하는 여행의 경험은 아이들에게 추억으로 남습니다. 어린 시절의 행복했던 추억은 고난을 이기는 힘이 됩니다. 몸의 면역력이 강한 사람이 병을 더 잘 이겨내듯이 행복한 추억은 삶의 면역력을 키워줍니다. 당연히 삶의 면역력이 클수록 고난도 쉽게 이겨내는 법이지요.

그래서 아이들과 추억을 만드는 것은 아이 삶의 면역력을 키워주는 것과 같습니다.

저는 아이들이 어릴 때부터 마음속으로 준비하는 것이 있습니다. 아이들을 엄마의 품에서 떠나보낼 준비입니다. 성인이 되면 부모 품을 떠나는 것이 당연하겠지만, 전 제 품에서 떠나는 시간을 초등학생까지, 길면 중학교 1학년까지로 보고 있습니다. 왜냐하면 그 이후에는 부모보다 친구가 중요한 시기이기 때문입니다. 자연스러운 일이죠.

함께할 수 있는 시간이 길지 않다고 생각을 하니 아이들과 가고 싶은 곳들을 부지런히 다녀야 했습니다. 다음에, 내년에, 아이가 좀 자라면, 하고 미룰 수가 없었습니다. 아이들이 부모와 함께 하길 원하는 지금 이 순간들을 소중히 보내는 게 가장 중요했지요.

물론 아이들이 어려 함께 여행을 하는 것이 힘든 적도 있었습니다. 그러나 시간이 기다려주지 않는다는 것을 알기에 모든 것을 감내할 수 있었습니다.

우리 부부는 아이들이 어릴 적부터 추억 쌓기에 열중했습니다.

매주 주말이면 어디든 밖으로 나갔습니다. 박물관, 공연장, 체험관 또는 캠핑까지 쉬지 않고 다녔습니다. 가끔은 특별하게 지하철과 버스를 타고 동대문, 인사동, 종로 등 서울 여행을 다녀오기도 했고요. 공주 역사 여행, 전주 한옥마을 체험과 같은 테마여행도 함께했습니다.

또래 친구들, 동생들과 함께하는 미션여행도 해보았습니다. 잠깐 소개해드리면, 미션지에 적힌 미션을 친구들과 함께 수행하며 직접 지하철을 타고 뮤지컬을 보러 가는 여행이었습니다. 지하철 표 구입하기, 목적지까지 정류장 수 맞추기, 공연장 찾아가기, 식당 선택해서 식사하기 등 다양한 미션을 주고 아이들끼리 해결하도록 하였습니다. 그리고 미션을 해결한 만큼 용돈을 주어 식사와 간식을 사 먹도록 했습니다.

아이들끼리 서로 의논하며 미션을 해결하는 모습이 무척 기특했습니다. 아이들도 너무 신나했던 여행이기도 합니다. 초등학생 부모라면 이런 미션여행을 추천해드리고 싶습니다.

이 모든 여행의 기억들이 차곡차곡 쌓여 아이들 마음속에 추억이란 이름으로 남겨졌습니다. 그래서인지 추억이 제일 소중하다는 아이들의 말이 엄마의 마음을 알아주는 듯해 참 고맙고 예쁘게 보입니다.

어른들 중에는 간혹 어릴 때 여행은 다 잊어버려 갈 필요 없다고 하시는 분이 있습니다. 아이들과 여행을 다녀보니 맞는 말입니다. 아이가 어릴수록 더 쉽게 잊어버리곤 합니다. 그럼에도 불구하고 여행은 꼭 필요합니다. 왜냐하면 여행에서의 다양한 경험들이 반복되어 아이들을 성장시키기 때문입니다.

그런데 우리 아이들은 어릴 때 여행도 꽤 많은 걸, 오랫동안 기억합니다. 똑똑해서도 기억력이 뛰어나서도 아닙니다. 저만의 특별한 비법이 있지요. 지금부터 그 방법을 소개해드리도록 하겠습니다.

첫째, 아이들과 여행을 기록하는 것입니다.

여행을 기록하는 방법은 여러 가지가 있습니다. 그중 우리 아이들은 주로 여행일기와 보고서 쓰기를 합니다. 우리는 여행을 갈 때 일기장을 꼭 가지고 다닙니다. 초등학교 저학년까지는 그림일기를 썼고, 3학년 이후부터는 글로 남겼습니다.

사실 우리 아이들은 글쓰기를 썩 좋아하지는 않습니다. 그렇다고 글쓰기를 안 할 수는 없습니다. 글쓰기는 자신의 생각을 표현하고, 자신의 논리를 전개하는 능력으로 사고력과도 연관됩니다. 학교생활은 물론 사회생활에까지 영향을 미쳐 중요한 성공의 요인이 되기도 합니다.

그래서 저는 여행가기 전 미리 아이들과 하브루타를 하며 일기 쓰기에 대해 이야기 나눴습니다.

엄마: 일기는 왜 쓰는 걸까?

큰아이: 그날 있었던 일을 기억하려고요.

엄마: 일기를 쓰면 무엇이 좋을까?

큰아이: 내가 했던 생각과 한 일을 알 수 있어요.

엄마: 만약 일기를 안 쓴다면?

큰아이: 금방 잊어버릴 수 있을거 같아요.

그리고 여행을 하며 조금씩 일기를 작성하였습니다. 덕분에 예전에 비해 글쓰기가 많이 익숙해졌습니다. 반복의 힘이겠지요. 여행에서 일기 쓰기는 특히 좋습니다. 쓸 거리가 풍부하여 좀 더 쉽게 글쓰기를 연습할 수 있기 때문입니다.

여행에서 일기를 쓸 때 주의할 점이 있습니다. 부담을 주지 않는 선에서 작성하는 것입니다. 여행에서 지치고 피곤한 몸으로 매일 밤 일기를 쓰는 것은 쉬운 일이 아닙니다. 특히 글쓰기가 익숙하지 않은 아이들에게는 더욱 더 힘든 일입니다.

그럴 때는 융통성 있는 방법을 찾아 부담을 줄일 수 있습니다. 예를 들어 세 줄 일기를 쓸 수도 있고, 한 페이지에 가족 일기를 나눠서 쓸 수도 있습니다. 일기를 매일 쓰지 않고, 이틀에 한 번 쓸 수도 있습니다. 물론 글쓰기를 좋아하는 아이라면 자유롭게 작성하도록 하면 됩니다.

여행을 마치고 돌아와 쓰는 보고서도 마찬가지입니다. 꼭 형식이 있어야 하는 것이 아닙니다. 저는 여행 사진들을 프린트해주고 A4용지에 자유롭게 꾸미도록 합니다. 이때 사진은 아이들이 고른 것을 프린트해주고 있습니다.

여행을 기록으로 남기는 것은 자신의 경험, 생각, 느낌을 좀 더 구체화하는 과정입니다. 여행을 통한 경험과 느낌을 기억하고, 자신의 생각들을 정리해 볼 수 있는 기회가 됩니다. 그래서 여행을 더욱 뜻깊고 의미 있게 만들어주지요.

둘째, 여행을 다녀오면 앨범을 만듭니다.

요즘 앨범 만들기는 쉽습니다. 포토앨범을 만들어 주는 인터넷 사이트에서 사진만 골라 넣으면 앨범이 완성되어 집으로 옵니다. 누구나 쉽게 만들 수 있지요. 그리고 완성된 앨범이 도착하면 아이들과 함께 보며 하브루타를 합니다.

엄마: 여기는 어디일까?

큰아이: 베트남 옷인 아오자이를 입고 있으니까 베트남에 갔을 때요.

엄마: 베트남 어디였지?

큰아이: 뒤편으로 섬들이 많이 보이는 거 보니까 하룽베이네요. 하룽베이에서 배 타고 섬들 보았잖아요. 그때 용이 하늘에서 내려왔다고 했었죠?

엄마: 맞아. '용들이 왜 하늘에서 내려왔을까' 하브루타했던 거 기억나니?

큰아이: 기억나요. 제가 바다속 용궁으로 놀러왔을 거 같다고 이야기 했었잖아요.

엄마: 기억하는구나.

작은아이: 그때 배에서 외국 아저씨랑 저랑 같이 셀카 찍고 놀았잖아요. 참 재미있는 아저씨였는데……. 배에서 같이 밥도 먹었고요.

아이들도 사진을 보며 이야기하다보니 여행의 기억들이 새록새록 떠오르는 듯합니다. 여행 이야기가 꼬리에 꼬리를 물고 끊임없이 줄줄 나옵니다. 지난 앨범을 보며 이야기 나누는 것은 늘 즐겁습니다. 신기하게도 아이들은 지겨워하지 않습니다. 오히려 매번 즐거워합니다. 그리고 그리워하지요.

저는 앨범을 한 번 보는 걸로 끝내지 않습니다. 문득 여행이 그리워지거나, 추억이 떠오를 때면 앨범을 꺼내 수시로 사진을 봅니다. 그리고 아이들과 다시 하브루타 합니다. 그렇게 앨범을 반복해서 봅니다. 보고, 하브루타 하고, 또 보고, 또 하브루타 하고……. 이 과정에서 여행의 경험들이 장기 기억으로 남는 것이지요.

아이들은 하브루타로 나눈 여행의 경험들에 더 많은 애착을 갖습니다. 여행의 경험을 생각해보고, 정리해보는 과정에서 자신만의 의미를 찾을 수 있기 때문입니다. 특히 여행의 기록물과 앨범들을 통해 여행을 되새겨 보는 것은 추억을 확장시켜 줍니다.

부모와 함께 추억들을 떠올리며 나누는 하브루타는 서로를 공감하고 더욱 강한 유대감을 느끼게 해줍니다. 그리고 잠시 잊었던 추억을 되새기는 동안 '나에게 참 행복한 추억이 있었구나' 하며 삶의 큰 힘을 얻는 것이지요.

저자의 아이들이 유난히 추억을 소중히 생각하는 이유는 왜일까요? 여행의 경험들도 소중하겠지만 여행을 다녀와서 함께 웃으며 추억을 나눈 경험이 많아서라고 생각합니다. 그 시간들이 추억은 행복하고, 소중한 것이라는 확신을 주었을 것입니다.

여행은 가기 전에도, 가서도, 다녀와서도 아이들을 성장시킵니다. 세상을 살아가는 면역력을 키워주고, 힘도 주지요. 그래서 전 여행이 참 좋습니다.

집으로 돌아올 때
여행의 행복은 완성된다

사흘, 이틀, 그리고 마지막 날.

신기한 일입니다. 하루가 24시간인 것은 변함없을 텐데 여행 일정이 반을 넘어서면 시간이 빨리 지나가는 듯합니다. 집으로 돌아갈 날이 다가올수록 1분, 1초가 소중하게 느껴집니다. 하루만 더 있었으면 좋겠다는 말이 절로 나오기도 하지요.

아이들도 아쉬워하기는 마찬가지입니다. 저는 아쉬운 마음을 달래기 위해 아이들과 함께 하브루타를 합니다.

엄마: 이번 필리핀 여행에서 가장 좋았던 것은 무엇이니?

작은아이: 전 친구들을 사귀게 된 게 좋았어요. 필리핀에서 친구를 사귀게 될 줄 몰랐거든요.

엄마: 맞아, 엄마도 생각 못했던 일이야.

큰아이: 아빠가 필리핀은 위험하다고 해서 걱정했는데 친절한 사람을 많이 만나 좋았어요.

엄마: 정말 다행이고, 고마운 일이었지. 필리핀 여행을 통해 느낀 점은 무엇이 있어?

작은아이: 엄마랑, 형이랑, 친구랑 함께해서 좋았어요. 소중한 추억이 생겼어요.

큰아이: 전 제가 나중에 성공하면 많이 나누는 사람이 되고 싶어요. 빌 게이츠처럼요.

엄마: 멋진 생각이구나. 그런데 빌 게이츠 같은 사람만 나눌 수 있을까?

큰아이: 지금도 나눌 수 있어요. 하지만 성공하면 더 많은 걸 나눌 수 있으니까요.

하브루타를 하며 여행을 정리하다보면 여행이 주는 의미를 스스로 찾게 됩니다. 여행의 의미를 찾는다는 것은 삶과 연결지을 수 있다는 뜻입니다. 삶과 연결되어 있다는 뜻은 무엇일까요? 살아있는 삶의 지혜를 얻었다는 것이겠지요.

어릴 때부터 이러한 지혜를 쌓으며 자라난다면 어떨까요? 아마도 좀 더 빨리 삶의 가치를 찾을 수 있을 것입니다.

「꾸베 씨의 행복여행」이라는 책이 있습니다. 꾸베 씨는 정신과 의사였습니다. 그는 많은 것을 가지고 있으면서 자신의 삶에 만족하지 못하는 환자들을 보며 점점 피곤함을 느끼게 되었습니다. 점차 그는 자신이 불행한 사람들을 진정으로 행복하게 만들어 주지 못하고 있음을 깨달았습니다. 결국 그 자신 역시 불행해져 갔습니다.

그는 무엇이 사람들을 행복하게 하고, 불행하게 하는지를 찾기 위해 여행을 떠납니다. 그 여행에서 다양한 사람들을 만나고, 많은 경험을 하게 되지요. 그리고 여행을 통해 깨닫게 된 행복에 관한 배움들을 공책에 한 줄씩 적어 갑니다.

배움1- 행복의 첫 번째 비밀은 자신은 다른 사람과 비교하지 않는 것이다.

배움2- 행복은 때때로 뜻밖에 찾아온다.

배움3- 많은 사람들은 자신의 행복이 오직 미래에 있다고 생각한다. (이하생략)

꾸베 씨가 여행에서 찾은 행복은 그리 어려운 것도, 멀리 있는 것도 아니었습니다. 그래서일까요? 책을 읽는 저의 마음속에 거리낌 없이 스며듭니다. 더 천천히, 더 깊숙이 말이죠. 특히, 꾸베 씨가 마지막으로 만난 노승의 이야기가 무척 인상적입니다.

"진정한 행복은 먼 훗날 달성해야 할 목표가 아니라, 지금 이 순간 존재하는 것입니다. 행복은 미래의 목표가 아니라, 오히려 현재의 선택이라고 할 수 있지요. 지금 이 순간 당신이 행복하기로 선택한다면 당신은 얼마든지 행복할 수 있습니다."

그는 여행을 통해 행복의 의미를 찾고, 떠날 때보다 더욱 흥분된 마음으로 돌아오게 됩니다. 그리고 다시 불행한 이들을 만나는 정신과 의사로 돌아갑니다.

이 책을 읽는 동안 꾸베 씨의 노트에 빼곡히 채워지는 행복의 배움들이 내 가슴속에도 빼곡히 채워지는 듯합니다.

그렇다면 꾸베 씨는 왜 여행을 떠날 때보다 집으로 돌아가는 길이 더욱 흥분 되었을까요? 여행을 통해 삶과 연결된 지혜를 얻었기 때문이라고 생각합니다. 그 지혜를 빨리 적용해보고 싶었던 것이지요. 불행한 이들에게 그리고 함께 불행해졌던 자신에게도 말이죠.

여행은 항상 의미가 있습니다.

설령 리조트에서 먹고, 놀고, 쉬기만 한 여행일지라도 말입니다. 휴식 또한 삶의 큰 의미가 있기 때문입니다. 이때 여행 하브루타는 여행의 의미를 깨닫게 도와줍니다.

엄마: 너에게 휴식은 어떤 의미가 있니?

작은아이: 에너지가 충전된 거 같아요.

엄마: 집으로 돌아가면 충전된 에너지를 어떻게 쓸 거야?

작은아이: 친구들이랑 신나게 놀고, 태권도도 열심히 할 거예요.

여행을 마무리하며 나누는 하브루타는 아이들에게 여행의 의미를 찾아볼 수 있는 기회가 됩니다. 직접 생각해보고, 말로 표현하며 여행에 나만의 의미를 부여하는 것이지요. 함께 하브루타 하는 것이 익숙하지 않은 아이들은, 처음에는 좋았어요, 재미있었어요,라는 말만 합니다. 괜찮습니다. 다시 질문하면 됩니다.

"어떤 것이 재미있었어?"

"왜 좋았어?"

"어떤 점이 좋았어?"

질문을 하면 아이들은 대답을 하기 위해 생각을 하게 되지요. 이러한 경험이 반복되다 보면 학원이나 책상 앞에서 배울 수 없는 중요한 것들을 스스로 깨닫고 배우게 됩니다. 그리고 어느 순간 부모의 생각을 넘어서는 말로 감동을 주기도 합니다.

엄마: 이번 여행을 끝으로 한 마디로 정리한다면 뭐라고 하고 싶어?

작은아이: 행복. 가족과 함께하는 것이 행복이에요.

큰아이: 내가 직접 경험해보지 않으면 진짜가 아닐 수 있다.

엄마: 왜 그렇게 생각해?

큰아이: 필리핀이 위험하다고 했는데 직접 와보니 좋은 사람이 많잖아요.

엄마: 그래도 조심해야 할 거 같은데? 친절한 것처럼 하고 나쁘게 할 수도 있으니까.

큰아이: 그렇긴 하죠. 그래도 좋은 사람이 더 많은 거 같아요. 그리고 다른 사람의 이야기만 듣고 판단하기보다 내가 직접 경험해보고 판단하는 것이 진짜 같아요. 사람마다 다르니까요.

큰아이는 필리핀 여행을 통해 직접 체험으로 사실관계를 판단해야 함을 깨달았습니다.

내가 알고 있는 지식을 직접 체험을 통해 검증하고, 사실관계를 판단하는 과정이 반복될 때 분별력을 키울 수 있습니다. 이러한 분별력은 SNS와 인터넷을 통해 루머가 넘치는 세상에서 아이가 휩쓸려 판단하지 않을 수 있게 도와줍니다. 디지털 시대를 살아가는 우리 아이들에게 꼭 필요한 삶의 지혜가 아닐까 싶습니다.

여행을 마무리 하며 드디어 집으로 돌아갑니다.

다시 일상으로 돌아가겠죠. 그러나 여행을 하기 전의 나와 여행을 마친 후의 나는 분명 다릅니다. 아이들도 마찬가지입니다. 여행은 휴식이든, 추억이든, 무엇이든지 그 자체로 의미가 있기 때문입니다.

휴식을 충분히 했다면 다시 최선을 다할 수 있는 에너지를 얻을 수 있을 것입니다. 추억이 생겼다면 함께 추억을 되새기며 웃을 수 있을 것입니다.

그래서일까요? 다시 집으로 돌아가는 비행기에 몸을 실으면 묘하게 설레임을 느낍니다.

여행을 떠나기 전의 설레임과는 조금 다릅니다. 여행을 떠날 때는 낯설음이 주는 설레임이었다면 집으로 돌아갈 때는 반가움이 주는 설레임입니다. 반가움은 현관문을 열고 들어가는 순간 극에 달합니다.

"세상에서 우리 집이 제일 좋다!"

누가 먼저라 할 것 없이 우리 가족이 집에 오자마자 내뱉는 첫 말입니다. 전날까지 '집에 가기 싫다, 하루만 더 있으면 좋겠다' 해놓고 세상에서 우리 집이 제일 좋다니!

변덕쟁이 같아 서로를 보며 웃습니다. 돌아올 수 있는 집이 있다는 것은 정말 감사한 일입니다.

그런데 여행에서 돌아왔을 때 진짜 행복한 이유가 무엇일까요?

꾸베 씨처럼 여행에서 얻은 삶의 지혜와 깨달음을 내 삶 속에서 빨리 연결지어 보고 싶은 마음 때문입니다. 그래서 휴식으로 에너지를 얻은 사람은 다시 활기찬 일상을 맞이할 수 있습니다. 여행의 행복을 느낀 사람은 다시 돈을 모으기 시작할 것이고, 영어공부의 필요성을 깨달은 사람은 영어책을 펼칠 것입니다.

여행 하브루타를 통해 아이를 키우고 싶은 저자는 아이들과 함께 떠날 여행을 다시 꿈을 꿉니다. 그리고 그 행복한 단꿈을 이루기 위해 하루하루를 열심히 살아가고 있습니다.

여러분들은 자녀들과 어떤 꿈을 꾸며 살고 계신가요?

에필로그

어느 깊은 밤, '함께'라는 미래를 꿈꾸며

이 책을 완성한 2020년 1월, 코로나19로 세상이 멈추고, 일상이 변했습니다. 여행은커녕 사람들과 만나 차 한잔 마시는 일도 어려운 일이 되었고 부모님을 찾아뵙는 것도 주저해야 했습니다. 그렇게 코로나 팬데믹은 많은 것들을 바꿔놓았습니다.

코로나 상황은 교사로서, 학부모로서, 여행을 사랑하는 사람으로서 참 힘든 시간이었습니다. 그러나 동시에 참 의미 있었습니다. 그동안의 사소한 일상들이 얼마나 소중하고 가치 있는 일이었는지, 무탈하게 다녔던 여행들이 얼마나 대단하고 감사한 일이었는지 깨닫는 시간이었기 때문입니다.

습관처럼 여행을 떠났습니다. 새해 달력을 받으면 처음 하는 일이 있었습니다. 여행을 떠날 수 있는 날들을 확인하고, 일정을 잡는 것입니다. 1년의 큰 계획을 여행부터 세우는 셈입니다. 어느새 여행이 삶이 되었고, 삶이 여행 같았습니다.

부모가 된지 14년, 유치원 교사가 된 지는 22년째가 되었습니다. 여행을 취미 삼은 지는 25년째가 되어 갑니다. 부모님과 다녔던 여행을 생각한다면 더 오래되었겠지요.

저는 교사의 삶이 스폰지와 같다고 생각합니다. 내가 맡은 아이들에게 내 안의 모든 것들을 아낌없이 내주어야 하기 때문입니다. 아이들에게 유익한 수업을 하기 위해 머리를 쥐어짜고, 한 명 한 명의 아이들을 가슴에 품기 위해 내 감정과 에너지를 쏟아부어야 합니다. 그래야 일 년 동안 큰 사고 없이 무탈하게 지나갈 수 있습니다.

그런데 아이들도 스폰지 같기는 마찬가지입니다. 교사들이 쥐어짜낸 모든 것을 그대로 남김없이 흡수하기 때문입니다. 교사가 주는 대로 쭉쭉 흡수하며 성장해 나갑니다. 그래서 교사는 게으름을 피울 수 없습니다. 아이들은 항상 목말라하니까요.

교직은 나를 비우는 시간이라면 여행은 나를 채우는 시간입니다. 비우지 않으면 채울 수 없듯이, 채우지 않으면 내어 줄 수도 없습니다. 그래서 여행은 나의 삶에서 아주 중요한 자양분입니다.

아이들과 함께 삶을 살아가듯 함께 여행을 합니다. 여행의 추억이 쌓여갈수록 함께하고 싶은 일들이 더 많아집니다. 참 신기한 일입니다.

여행에서 돌아오면서부터 우리 가족은 다음 여행을 계획합니다. 또 다른 추억을 기대하면서 말입니다.

이제는 예전과 달리 가족 간에 모여 앉아 각자 핸드폰을 보는 시대가 되었습니다. 다른 사람과의 관계에서도 마찬가지입니다. 대화보다는 스마트폰 메신저로 톡이나 이모티콘을 주고받는 것이 점점 익숙해지고 있습니다. 코로나19로 인하여 아이들 또한 어울려 놀이 하지 않는 것에 익숙해졌습니다.

포스트 코로나 시대에는 여행에도 변화가 예상됩니다. 실제로 온라인상의 랜선 여행으로 대리만족하는 사람들이 점차 늘고 있다고 합니다. 그래서 아이들과 떠나는 여행에 의무감마저 생깁니다. 우리 아이들에게 온라인 세상이 아닌 더 넓은 세상에서, 혼자가 아닌 다른 사람들과 더불어 살아가는 경험이 더욱 중요해졌기 때문입니다.

함께라는 가치를 알면 함께하는 것이 즐겁습니다. 유·아동기는 함께라는 가치를 몸으로 배워야 할 시기입니다. 다른 사람과 더불어 살아가는 행복한 경험이 아이들의 미래를 더욱 풍요롭게 해줄 것입니다. 그래서 오늘도 마음속으로 기도합니다.

우리 아이들이

선한 영향력으로 다른 사람들과 '함께' 어울려 살아가기를.

자연과 '함께' 조화를 이루며 책임감 있게 살아가기를
다양한 사람들과 '함께' 나누며 더불어 살아가기를 바래봅니다.

마지막으로 이 땅의 모든 아이들이 다른 사람들과 더불어 행복한 삶을 살아가기를 응원합니다! 또한 질문이 있는 여행에 끝까지 함께 해준 독자님들께 깊은 감사드립니다.